凝聚40多位资深专家智慧
总结现代养驴生产关键技术

现代养驴
关键技术

◎ 陈静波　主编

本书从驴的遗传育种、繁殖技术、饲养管理、常见疾病防治等方面介绍了国内驴业研究的新技术、新内容，更增加了智慧养殖和产品加工等知识。全书内容丰富全面、技术先进实用，是从事驴业生产人员的必备指导用书。

中国农业科学技术出版社

图书在版编目（CIP）数据

现代养驴关键技术／陈静波主编．—北京：中国农业科学
技术出版社，2019.8
　　ISBN 978-7-5116-4308-7

　　Ⅰ.①现…　Ⅱ.①陈…　Ⅲ.①驴-饲养管理　Ⅳ.①S822

中国版本图书馆 CIP 数据核字（2019）第 152380 号

责任编辑　　李冠桥
责任校对　　马广洋

出 版 者　中国农业科学技术出版社
　　　　　北京市中关村南大街 12 号　邮编：100081
电　　话　（010）82109705（编辑室）　　（010）82109702（发行部）
　　　　　（010）82109709（读者服务部）
传　　真　（010）82106625
网　　址　http://www.castp.cn
经 销 者　各地新华书店
印 刷 者　北京富泰印刷有限责任公司
开　　本　710mm×1 000mm　1/16
印　　张　11.5
字　　数　191 千字
版　　次　2019 年 8 月第 1 版　2019 年 8 月第 1 次印刷
定　　价　35.00 元

《现代养驴关键技术》
编委会

主　编　陈静波

副主编　孙玉江　　王长法　　陈世军　　刘桂芹

编　者（按姓氏笔画排序）

丁方荣　　习其玉　　于　杰　　于治成

王世锋　　王志琴　　王　杰　　王金鹏

毋状元　　艾沙江·阿布拉　　冯学俊

托乎提·阿及德　　任　禾　　刘　冰

刘　黎　　孙　艳　　杜　玮　　杨春红

李玉华　　李兰杰　　李海静　　肖海霞

沈辰峰　　张孝忠　　张国庭　　张国梁

张　明　　张崇玉　　陈　华　　罗永明

高琦璨　　郭晨晨　　董　红　　韩　涛

嵇传良　　税正勇　　谭　略　　戴蕴平

前　言

我国养驴历史悠久，驴品种和产业资源丰富。在传统的养殖业中，驴作为役用家畜，对农业生产发挥了重要的作用。但是，20世纪80年代后，随着农业机械化的广泛应用，驴的功能逐渐被替代，驴的数量大幅下降。但是，随着人们生活水平的提高，阿胶的养生作用越来越受到人们的青睐，需求成倍上升，价格持续上涨，给养驴业带来了发展机遇，向着产皮、产肉、产奶的方向发展，驴的数量下降趋势得到遏制，其经济价值显著提高。然而，由于驴生长繁殖特性的限制，家畜养殖成熟的先进技术在养驴生产中的应用或借鉴甚少，养驴业生产也远落后于牛羊等其他家畜。国内缺乏较系统的有关养驴方面的新技术资料，中国农业科学技术出版社提出编写一本现代养驴方面的新书，在新疆畜牧科学院领导的支持下，由陈静波研究员组织国内知名专家、教授及经验丰富的技术人员编写了这本《现代养驴关键技术》。

主编陈静波研究员从事畜牧生产、科研和推广工作40余年，获得国家和省部级科进步奖7项，主要负责编写驴的繁殖方面的内容。本书邀请中国农业科学院饲料研究所刁其玉研究员负责组织编写了驴的饲养与营养方面的内容，青岛农业大学孙玉江教授、张国梁副教授负责编写了驴业发展概况和驴的遗传育种方面的内容，聊城大学王长法教授负责编写了驴的基因工程、遗传及基因检测新技术方面的内容，刘桂芹教授编写了驴肉加工方面的内容，新疆畜牧科学院兽医研究所陈世军研究员组织编写了驴病方面的内容，新疆畜牧科学院畜牧研究所肖海霞研究员负责编写了驴奶的加工生产技术，银川奥特信息技术股份公司陈华副教授编写了驴智能管理应用的新技术，中国农业大学戴蕴平高级实验师组织编写了胚胎工程技术方面的内容，东阿阿胶股份有限公司的黑毛驴研究所嵇传良所长组织公司专业技术人员也参加了编写工作，喀什大学的王世锋副教授负责本书的收集、整理及编写工作。参加本书编写的人员有科研、教学、生产企业、管理等15个单位40多人，都是在各自领域的知名专家或中青年骨干，其中高级职称有25人，此外，还有博士和硕士研究生参加编写，形成了一支技术力量雄厚的编写团队，精诚协作，共同完成了本书的编写任务。

　　本书介绍了国内驴业研究的新技术、新内容，重点介绍了养驴生产中的实用技术和一些关键技术，对基层畜牧技术人员、养驴场和养驴户、从事畜牧生产和研究工作的人员，以及大专院校的师生，都有很好的参考价值。由于时间仓促，篇幅有限，书中难免存在不足之处，敬请读者批评指正。

编　　者

2019 年 5 月

目 录

第一章 驴业发展概况 ………………………………………………（1）

第一节 我国驴产业发展特点 ………………………………（1）

第二节 发展优势与趋势 ……………………………………（3）

第二章 驴的遗传育种及基因检测关键技术 …………………（6）

第一节 驴的遗传资源 ………………………………………（6）

一、国内驴品种 …………………………………………（6）

二、国外重要驴种 ………………………………………（15）

第二节 驴的外貌鉴定 ………………………………………（19）

一、驴的外貌结构特点及鉴定技术 …………………（19）

二、驴的毛色与别征 …………………………………（23）

三、驴的年龄鉴定 ……………………………………（25）

第三节 驴的选育技术 ………………………………………（27）

一、驴生长性状相关基因 ……………………………（27）

二、驴毛色相关基因 …………………………………（28）

三、驴乳用性状相关基因 ……………………………（28）

第四节 畜禽遗传标记 ………………………………………（29）

一、畜禽遗传标记的定义与发展 ……………………（29）

二、畜禽遗传标记的分类 ……………………………（29）

第五节 基因检测与驴毛色鉴定 ……………………………（32）

第六节 微卫星 DNA 检测在驴上的应用 …………………（33）

一、微卫星 DNA 检测与驴亲子鉴定 ………………（33）

二、微卫星 DNA 检测与驴的父系起源研究 ……………………… (33)
第七节 驴基因组研究概况 ……………………………………… (34)
第三章 驴的繁殖生产关键技术 ………………………………… (35)
第一节 驴的生殖生理 …………………………………………… (35)
一、生殖生理 …………………………………………………… (35)
二、发情与排卵 ………………………………………………… (36)
第二节 驴的配种 ………………………………………………… (40)
一、自然交配 …………………………………………………… (40)
二、人工授精 …………………………………………………… (40)
第三节 妊娠诊断 ………………………………………………… (41)
一、直肠检查 …………………………………………………… (41)
二、超声波诊断 ………………………………………………… (43)
第四节 分娩与助产 ……………………………………………… (44)
一、围产期管理 ………………………………………………… (44)
二、接产 ………………………………………………………… (45)
三、产后母驴与驴驹的护理 …………………………………… (45)
第五节 发情调控技术 …………………………………………… (47)
一、诱导发情 …………………………………………………… (47)
二、同期发情 …………………………………………………… (47)
三、促进排卵 …………………………………………………… (48)
第六节 驴精液采集及保存技术 ………………………………… (48)
一、种公驴采精前的准备 ……………………………………… (48)
二、驴精液保存技术 …………………………………………… (50)
三、精液的应用 ………………………………………………… (59)
第七节 现代繁殖新技术及其在驴育种中的应用 ……………… (60)
一、超排及胚胎移植技术 ……………………………………… (60)
二、活体采卵与体外受精技术 ………………………………… (65)
三、体细胞克隆技术 …………………………………………… (66)

第四章　驴的营养与饲养管理关键技术 ……………………（68）

第一节　驴的营养需要参数与特点 ………………………（68）

一、一般营养素需要及功能 …………………………（68）

二、驴的营养需要 ……………………………………（70）

第二节　驴的常用饲料营养价值与饲料配制技术 ………（72）

一、能量饲料 …………………………………………（72）

二、蛋白质饲料 ………………………………………（76）

三、粗饲料 ……………………………………………（78）

四、矿物质和微量元素饲料 …………………………（81）

五、驴饲料配方制定 …………………………………（84）

六、新型饲料添加剂 …………………………………（88）

第三节　驴的饲养管理 ……………………………………（90）

一、肉驴饲养管理的一般原则 ………………………（90）

二、日常管理 …………………………………………（91）

三、驴驹的饲养管理与早期断奶技术 ………………（92）

四、青年驴的饲养管理技术 …………………………（95）

五、妊娠驴和带驹母驴的饲养管理 …………………（98）

六、育肥驴的全混合日粮（TMR）的使用技术 ……（100）

第四节　规模化育肥驴场建设 ……………………………（102）

第五章　物联网驴智慧养殖技术 ……………………………（106）

第一节　系统构成 …………………………………………（106）

第二节　活动量发情监测系统 ……………………………（106）

第三节　TMR 饲喂监控系统 ……………………………（109）

第四节　THCS 环境监测系统 ……………………………（111）

第五节　UWCS 称重系统 …………………………………（115）

第六章　驴常见病的诊断与防治 ……………………………（117）

第一节　驴常见病毒病 ……………………………………（117）

一、流感 ………………………………………………（117）

二、流行性乙型脑炎 …………………………………（118）

三、马传染性贫血……………………………………………（120）

四、马传染性鼻肺炎…………………………………………（122）

第二节　驴常见细菌病…………………………………………（124）

一、炭疽………………………………………………………（124）

二、腺疫………………………………………………………（125）

三、驴沙门氏菌病……………………………………………（127）

四、驴驹大肠杆菌病…………………………………………（128）

五、恶性水肿…………………………………………………（130）

六、破伤风……………………………………………………（131）

第三节　驴常见寄生虫病………………………………………（132）

一、驴消化道线虫病…………………………………………（132）

二、马胃蝇蛆病………………………………………………（133）

三、裸头绦虫病………………………………………………（134）

四、疥癣………………………………………………………（135）

五、混睛虫病…………………………………………………（136）

第四节　其他疾病………………………………………………（137）

一、急性胃扩张………………………………………………（137）

二、肠便秘……………………………………………………（138）

三、肠臌气……………………………………………………（140）

四、直肠脱出…………………………………………………（141）

五、消化不良…………………………………………………（142）

六、流产………………………………………………………（143）

七、难产………………………………………………………（144）

八、子宫内膜炎………………………………………………（145）

第七章　驴产品加工技术…………………………………………（147）

第一节　驴的屠宰加工与检验…………………………………（147）

一、宰前检疫与管理…………………………………………（147）

二、屠宰加工工艺……………………………………………（150）

三、宰后检验…………………………………………………（152）

第二节　驴肉加工技术…………………………………………（154）

一、驴肉香肠的加工……………………………………………（154）

二、驴肉卷加工技术……………………………………………（157）

第三节　阿胶加工的关键技术…………………………………（159）

一、阿胶的加工工艺……………………………………………（159）

二、阿胶加工中的关键技术……………………………………（160）

第四节　驴奶加工贮存关键技术………………………………（165）

一、驴奶的营养价值及功效……………………………………（166）

二、驴泌乳情况…………………………………………………（166）

三、新鲜驴奶的加工技术………………………………………（166）

四、驴奶加工现状………………………………………………（168）

主要参考文献…………………………………………………（170）

第一章　驴业发展概况

第一节　我国驴产业发展特点

随着我国社会经济的发展和科技进步，驴产业发展呈现新的趋势，其功能与作用也逐步转变，由役用依次向肉用、药用、乳用、保健及生物制品开发等多用途的"活体经济"的转变，具有我国特色的现代驴产业正在形成。

表1-1　2016年我国主要养驴省区　　　　　　　　　　单位：万头

省区	甘肃	内蒙古	新疆	辽宁	河北	云南	吉林	山东	山西	陕西
数量	101.5	83.2	54.6	48.3	40.9	34.9	16.5	12	12	11.7

驴产业是民生产业。驴是草食动物遗传资源大家庭的重要成员，主要分布于新疆维吾尔自治区（全书简称新疆）、甘肃、内蒙古自治区（全书简称内蒙古）、云南、辽宁、河北等省区，1990年达到1 119.8万头，曾经为农耕生产、交通运输、商品贸易做出重要贡献。目前，全国总量的68.14%的存栏量集中于"老少边穷"地区。在这些地区，驴仍是生产力、劳动力，是农牧民生活伴侣，发挥着不可替代的作用，是现代畜牧业重要组成部分。在这些区域，驴产业发展状况事关区域经济、社会发展水平和社会稳定，事关区域人民美好生活质量，也事关我国两个一百年目标能否顺利实现。

肉用、药用、保健等民生用途是推动驴产业发展的主要动力。随着我国经济社会发展和生活水平的提高，人们对传统中药——阿胶、绿色食品——驴肉的需求也与日俱增。十多年来，驴及其产品价格、需求成了为数不多的持续稳定走高的家畜。2005—2016 年活驴、驴肉价格上涨 3 倍，同期驴皮价格上涨 20 倍。同时催生了活驴交易、驴肉餐饮、专业驴粮等产业的发展。东阿阿胶提出，"养一头毛驴相当多种一亩地""一头驴就是一个小银行""养一头驴脱贫，养三头驴致富"。这些理念性的口号已经在许多地方转化为"调结构，促增长""精准扶贫"的产业发展动力和现实。山东、内蒙古、辽宁、河北等相继出台政策措施予以支持，形成了各具特色的聊城"龙头带动"、敖汉"小规模大群体"、法库"市场培育"等模式。

驴产业是特色产业。由于文化与信仰，经济与科技等差异，非洲、中东、南美等主要养驴地区大多处于"役用""娱驴"阶段。世界上没有一个国家像我国这样具有相对完善的驴产业发展链条。2014 年全国 23 个省份的 67 家企业生产含阿胶药品 105 个；13 个省份的 81 家企业生产含阿胶保健品 146 个（2016 年产品达到 200 个）。阿胶产值连续多年居我国中药产品之首，是名副其实的"中药王"。博茨瓦纳驻华大使 George 先生参观东阿阿胶博物馆、黑毛驴养殖基地后，感慨地说，无法想象，驴可以与牛羊一样进行集约化饲养；无法想象，驴能生产驴奶、驴肉、阿胶等系列产品；无法想象，一张驴皮加工成阿胶，其价值比数头驴还贵。阿胶、驴肉、驴奶的生产与消费无不彰显"中国标签"。可以说，驴产业是为数不多的无国际竞争的中国特色产业。

驴产业是新兴产业。驴产业包括以饲养繁育为基础的养殖业，以驴奶、驴肉、驴皮等畜产品加工为主要内容的传统加工业，以 DOG、雌性激素等生物制品为主的创新型技术密集产业。近几年，高新技术不断改造、嫁接阿胶等传统产品，加之保健意识提高和东阿阿胶等龙头带动，在我国初步形成了以养殖为基础，阿胶、肉品为主导，驴奶、生物制品、骨胶等开发日趋活跃的产业结构。"富养马，穷养驴"的思想观念逐渐改观。为推动驴产业可持续健康发展，人们开始聚焦驴奶、激素、骨胶、生物制品等以"活体经济"为主的新兴创新产品。驴奶是高端保健奶，其营养成分接近人乳，是母乳的最佳替代品。按照 1.5 千克/（头·天）计算，驴奶年利用量可以达到 225 千克。目前，鲜驴奶收购价格为 28 元/千克（喀什），市场零售价格为每 500 克 80~100 元（乌鲁木齐），冻干奶粉为 4 000~5 000 元/千克。仅此一项，单头哺乳母驴就可以为养殖户增加5 000 元/年以上效益。据测算，合理运用科学养殖模式、先进技术手段，经过

"活体经济""循环经济"开发，一头驴可以产生5万元效益。

但应当看到，驴产业的发展还刚刚起步。与其他畜种相比，与发展现代畜牧业要求相比，与社会"大健康"需求相比，还存在认识不足、资源匮乏、政府缺位、创新乏力等诸多问题。"驴全身是宝"这个宝藏还远远没有得到系统开发，"以驴为业"特别是产业扶贫任重而道远。

第二节　发展优势与趋势

驴是传统家畜，饲养管理简单。两千多年来，驴的地位与消长总是与我国社会经济的发展紧密相连。1935年、1990年存栏量曾经分别达到1 215万头、1 119.8万头创纪录水平。目前，甘肃、内蒙古、新疆和辽宁是我国养驴大省（区），其存栏量排在养驴第一梯队。这些区域少数民族、贫困人口又相对集中。在"一带一路"上"牵着毛驴奔小康"是区域产业扶贫的现实选择，事关这些区域的社会稳定与可持续发展。

驴是草食动物，环境亲和性好。驴是大型非反刍草食动物，具有抗逆性强，消化能力强，耐粗饲，饲料转化率高等特点，青草、干草、秸秆等农业废弃物为驴主要饲料来源，饲料资源广泛。一头250千克的成年驴每年可以消耗农作物秸秆等粗饲料2吨，大约为4亩（1亩约为667平方米，全书同）玉米地的秸秆。与马相比，驴采食量低30%，而消化率高30%。在驴的采食量中，精料一般不需要超过30%。在非生产季节，甚至可以少喂或者不喂精饲料，是典型的节粮家畜。众所周知，甲烷（CH_4）的温室效应是二氧化碳的20~30倍，对全球气候变暖的影响作用占到了15%~20%。在全球家畜的甲烷排放量中，反刍动物占97%，而牛类约占75%。因此，驴作为非反刍动物，有"秸秆转化器""环境净化器"之称。通过过腹还田，驴养殖业最大限度实现了经济效益、生态效益和社会效益的有机统一。

驴全身是宝，开发潜力大。驴皮可熬制阿胶，是传统的医药补品；驴肉是绿色健康食品，素有"天上龙肉，地下驴肉"的美誉；驴奶具有清肺功能，驴乳成分最接近人乳，对多种疾病有辅助治疗作用，可以作为婴幼儿母乳的替代品；驴肝、驴鞭、驴肺、驴骨、驴胎盘等也具有较高的营养价值和开发价值。随着技术进步，驴奶面膜、胎盘素、雌性激素等更多的驴产品将进入千家万户。目前，我国驴产业已经形成以养殖业为基础，以驴肉、驴皮等传统加工业为主体，以休闲娱乐观光旅游为补充，以驴奶、PMSG、雌性激素等活体经济开发为重点的产业格局。初步估算，其产业规模已经达到1 000亿元。

按照育肥模式，每头驴10个月饲养周期效益是1 000元；按照繁育模式，一头繁育母驴每年收益4 880元（驴驹净收益），是育肥效益的4.8倍；按照驴奶生产模式，一个生产周期，1头哺乳母驴可以产生5 000元的收益。可以说，把养驴作为精准扶贫项目有利可图。

驴产业是朝阳产业，扶贫模式复制性强。2016年，农业部印发《草食畜牧业发展规划（2016—2020）》，将驴纳入草食畜牧业特色产业范畴予以统筹规划。2017年，农业农村部国家畜禽遗传资源委员会又分设"马驴驼专业委员会"，将"驴"纳入其中，彰显了对驴产业的关注。山东、山西、辽宁、内蒙古等地方政府也出台了相关政策，将驴产业列为特色或者重点发展的优势产业。党的十九大把脱贫攻坚列为重要议题而备受社会关注，习总书记在扶贫工作会上多次强调，要提高扶贫措施的有效性，核心是因地制宜，突出产业扶贫，提高组织化程度。我国贫困户广泛存在于农村，畜牧业与种植业结合，有利于高效整合地方资源并充分利用自身优势，加快农村传统养殖方式转变，走上科学的脱贫之路，贫困地区发展畜牧业具有自然环境、土地资源、投资成本低等优势，尤其是发展特色养殖业投入资金和人力成本相对低廉，见效周期短，收入稳定，驴产业是精准扶贫的有效途径之一。

为了推动我国驴产业技术创新与发展，2014年，跨区域、全国性驴产业技术创新战略联盟在新疆喀什成立；2015年，中国畜牧业协会成立驴业分会。2017年8月17日，首届国际驴科学交流会在聊城举办。发起成立国际驴产业技术创新联盟、建立国际驴产业技术创新基金。2016年我国驴产业规模估算约800亿元，其产业产值主要体现在养殖、肉食品加工（包括餐饮）、药品保健品开发3个环节。由于肉食品加工、药品保健品生产均以屠宰为前提，造成资源削减和产业发展的链条阻断，新旧产能转换不畅。因此，从可持续发展角度来看，强化养殖基础，聚焦活体循环开发，稳定发展食品、药品、保健品生产是产业发展的基本方略；从产业发展重点来看，活体循环开发是技术创新的重点、难点和热点，也是供给侧结构性改革和驴产业可持续健康发展的根本出路。

综上所述，驴是养殖业、种植业、加工业重要产业载体，饲养管理简单，环境亲和性好，开发潜力大，投资成本低。将驴产业纳入扶贫项目，简单、低廉，其扶贫模式可操作，可推广复制。

第二章 驴的遗传育种及基因检测关键技术

改革开放以来，品种选育及创新为畜牧业的发展做出了重大贡献。近年来，我国的驴存栏量持续下降、驴品种退化严重，亟须建立完善良种繁育制度。遗传标记在育种中发挥着重要作用，但是目前已发现的有效的遗传标记如主效基因、因果 SNP 位点等数量有限，非常不利于驴育种产业的发展。未来可综合已有的不同品种驴的基因组数据、SNP 数据、功能基因鉴定及关联分析结果等，筛选与驴生长速度、肉质、皮厚、乳产量、乳品质、抗病等重要经济性状因果相关或紧密相关的各种 DNA 遗传标记（如 SNP 位点、酶切位点、结构变异、拷贝数变异等）、表观遗传标记（如 MicroRNA、lncRNA、DNA 甲基化修饰等）。联合研制开发具有自主知识产权的驴育种芯片，为皮肉兼用驴、肉奶兼用驴新品系的培育提供技术支撑。

第一节 驴的遗传资源

一、国内驴品种

《中国马驴品种志》记载，20 世纪 80 年代初我国主要驴品种有 10 个。根据其体型外貌结构、生产性能和适应性等，可大致分为小型驴、中型驴和大型驴 3 个类型。

（一）小型驴

小型驴即平常所说的小毛驴。数量多，分布广，体型小，平均体高均在 110 厘米以下，体重 130 千克左右。20 世纪 80 年代初，小型驴的数量曾占全国总驴头数的 70% 左右。几乎所有产驴地区都有小型驴的分布，但主要产于新疆、甘肃、青海等高原荒漠地区和长城内外的农区和半农半牧区。华北和西南地区也是小毛驴主产区。各省区对当地驴都有其地方名称，如新疆驴、凉州驴、川驴、滇驴、滚沙驴、太行驴、库仑驴、徐海驴及淮北灰驴。其中以川、滇驴最小，平均体高不到 1 米，体重约 100 千克。小型驴产区的社会经济条件一般较差，驴的饲养管理粗放，饲养水平低，实行放牧或半舍饲，基本不喂料，多自然交配，人工选育程度低。它们对环境的适应性极强，耐寒耐干旱，在−35～38.5℃的气温下仍能生活、繁殖，抗病能力强，役使能力好，适应性、遗传性强。毛色比较复杂，但以灰色、黄褐色为主，兼有背线、鹰膀等特征。依生态条件将我国小型驴划分为三个品种类型。

1. 新疆驴

（1）主要产区。产于新疆南疆喀叶、和田地区，分布到甘肃河西走廊，青海的农区、半农半牧区以及宁夏一带地区，总数曾经达 160 万头，仅新疆就有近百万头，目前数量不多。甘肃河西走廊的武威（古称凉州）、张掖和酒泉等地所产的驴，也称凉州驴。

（2）环境条件。新疆是我国驴的发源地，至少有四千多年的养驴历史。新疆南部喀什地区地处高原荒漠区，属大陆性气候，由于受高山和沙漠的影响，夏天气温高而干旱，沙漠中阳光直射，温度可达 55℃。多风沙，昼夜温差大，即所谓"早穿皮袄午穿纱，手抱火炉吃西瓜"。无霜期短，降水量少。既有大面积的草原牧区，也有片片绿洲的发达农区。因气候和水源的关系，农作物产量低。由于历史上长期的社会经济条件较差，农民全靠养驴农耕、驮运、乘骑作代步工具，可以说凡有人生活的地方都有驴的分布。

新疆驴由于长期在简陋棚圈以粗劣饲料和少量精料养育的条件下，并经当地寒暑风霜等艰苦自然条件的锻炼，其适应性特强，既能适应夏季的酷暑，也能耐冬季−40℃的严寒，并有很强的抗病能力。

（3）品种特征。新疆驴体格矮小，体质干燥结实，头略偏大，耳直立，额宽，鼻短，耳壳内生有短毛；颈薄、鬐甲低平，背平腰短，尻短斜，胸宽深不足，肋扁平；四肢较短，关节干燥结实，蹄小质坚；毛多为灰色、黑色，多有背线、鹰膀等特征。

（4）品种性能。新疆驴 1 周岁就有性欲，公驴 2～3 岁，母驴 2 岁就开始配种，在粗放的饲养和重役情况下很少发生营养不良和流产。驴驹成活率在90%以上。新疆兵团农八师150团曾引种关中驴与当地小毛驴杂交，其后代的体高达到120~125厘米。吐鲁番改良驴体高可达到125~130厘米。由此可见，引入大型驴种对新疆驴进行杂交改良，提高当地驴的体尺、体重，是肉驴饲养提高肉产量的重要途径。

2. 西南驴

（1）主要产区。云南省各地的云南驴，四川甘孜、阿坝、凉山等地的川驴，西藏日喀则、山南等地的藏驴。

（2）环境条件。云、川、藏多属高原山区和丘陵区，海拔较高，河流多，气候差别虽较大，但干湿季节明显。产区农业较发达，主要作物为水稻、麦类、蚕豆、豌豆、红薯、油菜，西藏更盛产青稞。作物秸秆、野草和豆类、麦类是当地养驴的主要饲草和补饲精料。据有关地方志记载，早在1 000多年前，驴刚引入的相当长一个时期内，主要作为役畜，有的还利用驴乳育婴。产驴区多是山地，土壤瘠薄、植被稀疏，驴的饲养管理粗放，白天野外牧放，夜间以秸秆补饲，仅使重役和孕期才给以少量精料，因此形成了矮小的驴品种。

（3）品种特征。头显粗重，额宽且隆，耳大而长；鬐甲稍低，胸浅而窄，背腰短直，尻斜短，腹部稍大；前肢端正，后肢稍外向，蹄小而坚，善于攀山；被毛厚密，毛以灰色为主，并有鹰膀、背线，虎斑特征，约占半数；其他为红褐色或黑粉驴。

（4）品种性能。西南驴性成熟较早，2~3岁即可配种繁殖，一般3年2胎，如专门作肉驴饲养也可1年1胎。据屠宰测定，屠宰率45%~50%，净肉率30%~34%，每头净肉量为35千克左右。西南毛驴因体小精悍，除农用和肉用外，在儿童游乐方面颇有开发利用价值。

3. 华北驴

（1）主要产区。主要产于陕北黄土高原以东，长城内外至黄淮平原，并分布到东北三省。

（2）环境条件。境内有高原、山区、丘陵和平原。产区是我国北方农业区，历来以驴作为仅次于牛的第二大役畜。除黄河中下游富庶农业区和半农半牧区多产大中型驴外，大部分地区由于农业条件差，作物产量低，牲畜养殖水平低，多养小型驴。近几十年来为适应社会生产需要，一些农业生产条件较差而畜牧生产条件较好的地区，如沂蒙山区、太行燕山山区、陕北榆林地区、张家口地区、昭盟库仑旗和淮北等地发挥地方优势，素有养殖商品驴的习惯，除自用外，大都通过大同、张家口、沧县、济南、潍坊、界首、周口等著名的牲畜交易市场出售大批驴，分布到各地。这些驴都有其地方名称，如陕北的滚沙驴、内蒙古的库仑驴、河北的太行驴、山东的小毛驴、淮北的灰驴，总的都属华北驴。

（3）品种特征。各地的驴因产区不同，各有特点，但其共同点为：体高在110厘米以上（较前两种驴大）。结构良好，体躯短小，腹部稍大，被毛粗刚。头大而长，额宽突，背腰平，胸窄浅，四肢结实，蹄小而圆。有青、灰、黑等多种毛色。其平均体尺也各不相同，滚沙驴体高107厘米，体重140~190千克，太行驴体高102.4厘米，内蒙古库仑驴体高110厘米，沂蒙、苏北、淮北驴体高108厘米。

（4）品种性能。繁殖性能好，适应性强，体重在140~170千克，屠宰率在52%。

（二）中型驴

该类型品种的驴体高为110~130厘米，平均体重180千克左右。数量较大型驴多。其体型结构较好，介于大、小型之间。毛色比较单纯，多为粉黑色，主要分布在华北北部的黄土高原和河南省的农业区。这些产区过去多为杂粮产地，社会经济条件和饲养水平较小型驴产区有显著改善。驴的数量多，密度大，民间比较重视公驴的选育，且多从大型驴产区购入种公驴与当地小型驴相配，经长期选育而成。主要有佳米驴、泌阳驴、庆阳驴、淮阳驴等，但目前其纯种存栏数量都不多。

1. 佳米驴

（1）主要产区。佳米驴又称绥米驴，产于陕西的佳县、米脂县和绥德3个县，以3个县首字取名。附近各县和山西临县等地也有分布，延安、榆林地区及周围各省，常引进佳米驴改良当地小型驴。

（2）环境条件。产区处于陕西黄土高原的沟壑地区，形成梁岗起伏、沟壑纵横、土地零散、道路崎岖狭窄的特点。海拔高，温差大，春季多风，夏热冬寒，属典型大陆性气候。干旱少雨，无霜期150~180天，适宜种植杂粮，兼种大量苜蓿，轮作倒茬以改良土壤和提供饲草。从东汉以来，农民就习惯养驴从事耕、拉、驮、乘等各种役使。因地形、道路和草料不足等原因，群众更喜欢选择体型中等、结构匀称、耳门紧、槽口宽、四肢端正的黑燕皮驴个体。当地养驴，全年舍饲。畜舍宽敞明亮，冬春似豆类、高粱、玉米拌以谷草、麦草为主，夏季喂青苜蓿。各县有一些传统的专门的种驴饲养户，精选良种，承担配种工作，经长期培育形成当地产良种。

（3）品种特征。佳米驴体格中等，略呈正方形，体质结实，结构匀称，眼大有神，耳薄而立；颈肩结合良好，背腰平直，四肢端正，关节强大，肌腱明显，蹄质坚实。公驴颈粗壮，胸部宽，有悍威；母驴腹部稍大，后躯发育良好。毛为粉黑色，因白色部分大小不同，当地又分为两种：一种是黑燕皮，全身被毛似燕子，仅嘴头、鼻孔、眼周以及腹部为白色；另一种是黑四眉，除具有黑燕皮特征外，腹下的白色面积较大，甚至扩展到四肢内侧、胸前、额下及耳根处，这种驴骨骼更粗壮结实。

（4）品种性能。佳米驴2岁左右性成熟，3岁开始配种，每年5—7月为配种旺季。母驴多为3年2胎，终生产驹10头左右。公驴每次平均射精量为78.7毫升，密度为2亿~3亿，活力为0.8~0.9。据对8匹未经育肥的驴屠宰测定，屠宰率为49.2%，净肉率达35%。佳米驴对干旱和寒冷气候的适应性强，耐粗饲，抗病力强，消化器官疾病极少，也能适应黑龙江、青海等地寒冷气候。

2. 泌阳驴

（1）主要产区。泌阳驴产于河南省西南部的泌阳、唐河、社旗、方城、南阳等县，以泌阳、唐河两县为中心产区，其驴存栏数约占泌阳驴总数的1/2。

（2）环境条件。泌阳县地处伏牛山脉和桐柏山脉之间。海拔在810~983米。当地四季分明，无霜期212天，年均降水量920.5毫米。农牧业生产发达，并盛产麦类和各种杂粮。群众还有种豌豆的习惯，以谷草、豌豆作为喂驴的主要饲料，可利用河滩、丘陵放牧，有丰富的饲草饲料资源，当地群众有养驴习惯，喂养精心并重视选种选配，并有不少驴的配种专业户，以精选的良种进行配种工作，故形成了良种产区。早在1957年就建立了泌阳县种驴场，就地精选了优秀个体和优秀的核心群开展系统的选育工作，使驴群质量迅速提高。

（3）品种特征。体形中等，呈方形或高方形。结构紧凑、匀称，灵俊清秀，肌肉丰满，多双脊双背。背腰平直，头干燥，清秀，口方正，耳大适中，耳内基部有一簇白毛；头颈结合良好，腰短而坚，尻高宽而斜，四肢直，系短而立，蹄质致密。毛色以三粉为主，俗称"缎子黑"。

（4）品种性能。1~1.5 岁时表现性行为，2.5~3 岁开始配种，发情季节不明显，但多集中于 3—6 月。繁殖年限可达 15~18 岁。成年公驴每天采精或配种一次，平均射精量 64 毫升。屠宰率可达 50% 左右。

3. 淮阳驴

（1）主要产区。淮阳驴产于河南沙河及其支流两岸的豫东平原东南部，即淮阳、郸城西部，沈丘西北部，项城和商水北部，西华东部，太康南部和周口市，以淮阳为中心产区。

（2）环境条件。产区海拔 50 米左右，属温热带季风气候，无霜期 216 天，年平均气温 14.6℃。土壤以淤土，两合土最多，土质肥沃，盛产麦类和杂粮，是历代"粮仓"，当地以驴为主要役畜。

当地很早以前就重视驴的选育。由于农副产品丰富，又习惯种苜蓿，常以各种豆类喂驴，日喂量达 1~1.5 千克，故能保证驴的营养需要，巩固选育成果。产区临近周口、界首等牲畜集散地，常向外输出种驴，从而刺激了养驴生产和选育工作。近 30 年来，淮阳县进一步加强选育工作，在重点产驴区开展良种登记，加强选种配种，驴的品质也明显提高。1984 年 5 月通过鉴定，确认为是地方优良驴种。

（3）品种特征。属中型驴，体高略大于体长，体幅较宽，头略显重，肩较宽，鬐甲高，前胸发达，中躯显短呈圆桶形，四肢粗大结实，尾帚大。红褐毛色驴还有体格较大、鬐甲高、单脊单背和四肢高长的特点。毛以粉黑色为主（62.3%），灰色少（21.6%），纯黑更少（8%），红褐色最少（6.1%）。

（4）品种性能。繁殖性能较好，母驴可繁殖到 15~18 岁，公驴 18~20 岁性欲仍很旺盛。屠宰率可达 50% 左右，净肉率为 32.3%。

4. 庆阳驴

（1）主要产区。庆阳驴产于甘肃省东部的庆阳、宁县、正宁、镇原、合水等县，以庆阳县为中心产区。

（2）环境条件。产区位于黄土高原，在泾河上游，紧临陕西关中平原。土质肥沃，气候温和，农业发达，素有"陇东粮仓"之美称。由于这一地区交通不便，过去农民经济收入低，多养牛、驴役用。多年来以养小毛驴为主，经不断引进关中大型驴杂交改良，使当地小毛驴的体尺明显增大，外形也发生了变化。加之当地环境适宜、饲料条件较好和管理比较精心，杂种驴长期自群繁殖培育，从而形成了今天的地方良种庆阳驴。

（3）品种特征。体格粗壮结实，体长稍大于体高，结构匀称。头中等长，耳不过长，颈肌肥大，鬃毛短稀，胸部发育良好，腹部较大，四肢端正，关节明显，蹄大小适中而坚实，性情温顺，行动灵活，毛色以三粉驴为主，占80%以上，还有少量青色和灰色。

（4）品种性能。1岁时就表现性成熟，公驴1.5岁配种，就可使母驴受孕；母驴不到2岁就可产驹。幼驹初生时，公驹重27.5千克，母驹重26.7千克。公驴以2.5~3岁，母驴以2岁开始配种为宜，公驴饲养得当，可利用到20岁；母驴一般终生可产10胎左右。屠宰率可达50%以上，净肉率35.7%。

（三）大型驴

大型驴是我国驴中体型最大的一个类型，主要分布在黄河中下游的发达农业区，如关中平原、晋南盆地、冀鲁平原等。这些产区四季分明，气候温和，农业生产条件好，粮棉单产高，社会经济发达。不仅有丰富的农副产品作为饲料，还有种植苜蓿喂畜的习惯。农民以驴作为主要役畜，富有饲养经验。全年实行舍饲喂养。喂养精心，搭配花草喂驴，全年补饲精料，又重视选种选配，因而形成体型高大的大型驴。平均体高130厘米以上，体重为260千克左右，结构良好，毛色纯正，以黑三粉驴为主，杂色毛较少。除役用外，常提供各地作为繁殖大型骡的种畜，为杂交改良我国中小驴种做出贡献。关中、晋南和晋北、冀鲁滨海地区，因产大驴而著称。

1. 德州驴

（1）主要产区。产于鲁北和冀东平原沿渤海各县，以山东省的无棣、沾化、阳信、庆云和河北省的盐山、南皮为中心产区，以德州为集散地，故称为德州驴。因中心产区在无棣，又称无棣驴。与德州驴产区相连的冀东平原沿渤海南皮、盐山和黄铧等县，均属黄河冲积平原，且位于环渤海西岸，当地称为渤海驴。

（2）环境条件。由于产地属平原，农产品丰富，农副产品多，水草茂盛，饲养条件较好，重视饲养管理和选种选配，故驴的体形高大。

（3）品种特征。体格高大，结构匀称，体型方正，头颈躯干结构良好。公驴前躯宽大，头颈高扬，眼大嘴齐，有悍威，鬐甲偏低，背腰平直，尻稍斜，肋拱圆，四肢有力，关节明显，蹄圆而质坚。毛色分三粉（鼻周围粉白，眼周围粉白，腹下粉白）的黑色和乌头（全身毛为黑色）两种。其体高一般为 128~130 厘米，最高的可达 165 厘米。由于皮用的特殊需要，近几年东阿阿胶加强乌头品系的选育，体尺指标明显提高，发现有体重最高可以过千斤个体。

（4）品种性能。生长发育快，12~15 月龄时表现性成熟，2.5 岁可开始配种。母驴一般发情很有规律，终生可产驹 10 头左右，25 岁的母驴仍有产驹的；公驴性欲旺盛，在一般情况下，平均每次射精量为 70 毫升，有时可达 180 毫升。精子密度平均每毫升 1.5 亿，精子活力强，常温下存活 72 小时，在母驴体内存活的持续时间为 135 小时。作为肉用驴饲养屠宰率可达 53%，出肉率较高。为小型毛驴改良的优良父本品种。

2. 关中驴

（1）主要产区。关中驴主产区在陕西省渭河流域的关中平原，以兴平、礼泉、乾县、武功、咸阳、蒲城和临潼等为中心产区，且质量最佳，关中平原各县均有分布。

（2）环境条件。关中平原号称"八百里秦川"。土壤肥沃，气候温和，水利灌溉条件好，农业发达，盛产粮棉，有丰富的农副产品，同时还有种植苜蓿、大豆、豌豆养畜的习惯，素以有大牛（秦川牛）、大驴而享誉全国。当地养驴已有 2 000 多年历史，群众既有丰富的养驴经验，又很重视科学的选种选配，尤其注重对种公驴的选择。要求公驴毛色纯正、黑白界限分明，体格高大，结构匀称，两睾丸大而对称，富有悍威，四蹄端正，蹄大而圆，鸣声洪亮。养母驴者惯选最好种驴配种，因而促进该品种质量不断提高。

（3）品种特征。体型外貌：关中驴体格高大，结构匀称，体型略呈长方形。头颈高扬，眼大而有神，前胸宽广，肋弓开张良好，尻短斜，体态优美。被毛短细，富有光泽。90% 以上为黑毛，少数为栗毛和青毛，偶尔亦出现乌头黑者。以栗毛和粉黑毛，且黑（栗）白界限清晰明显为上选，特别是鬣毛及尾毛为淡白色的栗毛公驴，更受欢迎。

（4）品种性能。在正常饲养情况下，幼驴生长发育很快，1.5岁能达到成年驴体高的93.4%，并表现性成熟。3岁时，各项体尺均达到其成年体尺的98%以上，此时公母驴均可配种。公驴以4～12岁配种能力最强，母驴一般终生产驹5～8胎。多年来关中驴一直是小型驴改良的重要父本驴种，特别对庆阳驴种的形成起了重大作用。

3. 广灵驴

（1）主要产区。山西省东北部的广灵、灵邱两县。

（2）环境条件。境内山峦起伏，小部分为河谷盆地，海拔700～2 300米。地处塞外山区，风大沙多，气候变化差异大，年平均气温为6.2～7.9℃，无霜期130～150天，全年降水量420～500毫米。这些地理自然条件虽不如其他大型驴产区，但在塞外尚属主要的杂粮产区，有"雁北谷仓"之称。粮食作物以谷子、玉米、高粱、马铃薯、莜麦、豆类为主，次之为小麦、糜黍、稻子、胡麻。农作物种植每年一季或二年三季。

广灵县及其附近各县历来重视畜牧业发展，农民多养驴使役，并繁殖骡子，是我国塞外重要的商品驴繁殖基地。由于当地盛产谷子、豆类，又种植紫花苜蓿，农民以谷草、黑豆和苜蓿草精心喂养，注意选种选配，结合役使和放牧，使驴得到充分锻炼。这些是形成平川中驴体格高大、体躯粗壮而结实的主要因素。20世纪60年代以来，广灵县建立了种驴场，并选定川区51处农村为繁育基地，进行选种选配，不断提高大型驴所占比例，而成为当前我国的大型驴品种之一。

（3）品种特征。体格高大、骨骼粗壮、体质结实、结构匀称、耐寒性强。驴头较大、鼻梁直、眼大、耳立、颈粗壮，鬐甲宽厚微隆，背部宽广平直，前胸宽广，尻宽而短，尾巴粗长，四肢粗壮，肌腱明显，关节发育良好，管骨较长，蹄较小而圆，质地坚硬，被毛粗密。被毛黑色，但眼圈、嘴头、前胸口和两耳内侧为粉白色，当地群众叫"五白一黑"，又称黑化眉。还有全身黑白毛混生，并有五白特征的，群众叫做"青化眉"，这两种毛色均属上等。

（4）品种性能。广灵驴的繁殖性能与其他品种近似，唯多在2—9月发情；3—5月为发情旺季。一般母驴终生可产驹10胎。经屠宰测定，平均屠宰率为45.15%，净肉率30.6%。广灵驴有良好的种用价值，曾推广到全国13个省区，以耐寒闻名，对黑龙江省的气候适应也较好。与马杂交所生骡子品质很好。母驴繁殖驴骡，受胎率较低，但驴骡的质量较好，而且适应性较马骡驹强。

4. 晋南驴

（1）主要产区。产于山西南部运城地区和临汾地区南部，以夏县、闻喜为中心产区，包括平陆、芮城、永济、临猗等县及临汾地区南部各县。

（2）环境条件。产区地处黄土高原，濒临黄河，有平原，丘陵和山地，地形复杂。海拔 400~1 500 米，地势东北高而西南低。

（3）品种特征。体型近方形，外貌清秀细致，是有别于其他驴种的主要特点。头清秀，大小适中，颈部宽厚，鬐甲稍低，背腰平直，尻略高而斜，四肢细长，关节明显，肌腱分明，前肢有口袋状附蝉，尾细长，似牛尾。皮薄毛细，以黑色带三白为主要毛色。另外还有一种灰色大驴，约占总数的 10%。据测定，老龄淘汰驴平均屠宰率为 52.7%，净肉率 39%。

（4）品种性能。晋南驴母驹 8~12 个月有发情表现，初配年龄为 2.5~3 岁。种公驴 3 岁时开始配种，平均一次采精量为 70.5 毫升，活力 0.80 以上，密度 1.5 亿~2 亿。

生长发育快，12~15 月龄时表现性成熟，2.5 岁可开始配种。母驴一般发情很有规律，终生可产驹 10 头左右，25 岁的母驴仍有产驹的；公驴性欲旺盛，在一般情况下，平均每次射精量为 70 毫升，有时可达 180 毫升。精子密度平均每毫升 1.5 亿，精子活力强，常温下存活 72 小时，在母驴体内存活的持续时间为 135 小时。作为肉用驴饲养屠宰率可达 53%，出肉率较高。为小型毛驴改良的优良父本品种。

二、国外重要驴种

2016 年全世界驴品种有 155 个，其中，非洲 19 个、亚洲 39 个、欧洲及高加索地区 52 个、拉丁美洲和加勒比海地区 24 个、中东 13 个、北美 5 个、南太平洋 3 个。现将普瓦图驴、地中海微型驴、安达卢西亚驴等代表性驴种做简单介绍。

1. 普图瓦驴（Poitou Donkey）

普图瓦驴主产于法国夏朗德省的普图瓦地区，因具有独特的长而浓密的被毛而知名。属于大型驴种，曾经主要用于繁殖骡子。1988 年成立了普图瓦驴协会

（SABAUD）。2001年普图瓦驴登记册登记公驴71头、母驴152头。2004年共登记425头，其中，公驴81头、母驴344头。普图瓦驴现在分布在欧洲8个国家和澳大利亚、北美等地（图2-1）。

图2-1　普图瓦驴（Poitou Donkey）

体型外貌：普图瓦驴体高135～156厘米，体重350～420千克，其体高与安达卢西亚驴相似。体型较大，体质结实。头大而长，耳长且宽，颈部强壮；直肩，胸骨突出，肋骨拱园，背长平直，尻短；四肢有力，关节明显，蹄子宽大；性情温顺，亲和力强。毛色为黑色，口鼻、眼睛周围会呈淡黄色、银灰色并带有淡红色晕圈；腹部及大腿内侧颜色也较淡。

品种性能：过去，普图瓦驴被用于农耕、运输、骑乘和生产骡子。由于其被毛长，极具观赏价值。2014年，Romain Legrand等对35头成年普图瓦驴被毛性状进行了研究，发现FGF5（成纤维细胞生长因子5）基因上的2处隐形突变，可能是长被毛性状形成的主要原因。

2. 安达卢西亚驴（Andalusian Donkey）

安达卢西亚驴也称为科尔多瓦驴，是西班牙南部安达卢西亚自治区科尔多瓦省的一个地方品种，广泛分布于科尔多瓦省到伊比利亚半岛南部和中部地区，它与产于此地的安达卢西亚马一样出名。产区土地肥沃，农业发达，主要用于农业和骡子生产。因起源于其卢塞纳镇（Lucena），又称卢塞纳驴（图2-2）。

体型外貌：安达卢西亚驴体型高大结实。头中等大，略呈兔头，颈部肌肉发达，鬐甲棘突高，腰长；毛主色为青色，包括斑点青和白青色。公驴体高145～

图 2-2　安达卢西亚驴

158 厘米，母驴 135~150 厘米；体重 320~460 千克。

　　品种性能：安达卢西亚驴以挽用性能强而知名，作为父本产骡质量好。19 世纪曾出口到北美、南美，对美国、巴西大型驴品种的育成起到关键作用。它抗病力强，耐热，耐粗饲；繁殖力强精力充沛安静温顺，步态优雅顺畅。

　　3. 美国大型驴

　　美国大型驴是多驴种杂交育成品种，主产区在美国肯塔基州，加拿大、澳大利亚也有饲养。根据美国畜品种保护组织（ALBC）统计，现美国有 3 000~4 000 头（图 2-3）。

　　体型外貌：体格高大，体型匀称，体质结实。头大小适中，眼大有神，耳朵直立，颈部长短适中，背腰平直、强壮，四肢干燥有力。毛色比较复杂。有传统的黑色，也有现在流行的栗色。乳房两侧、鼠蹊部、大腿内侧和口眼周围呈浅灰色或者白色。

　　品种性能：美国大型驴主要用于役用、娱乐等。其公驴多用于繁殖骡子。

　　4. 微型地中海驴（Miniature Mediterranean Donkey）

　　微型地中海驴主产于意大利东南和东部地中海上西西里岛和撒丁岛，主要育

图 2-3 美国大型驴（Romulus）

成、分布于在阿格里根托、恩纳、巴勒莫、拉格萨和锡拉丘兹省等地。也称为 Grigio Siciliano 或者 Asino Ferrante 驴。该品种在意大利几近灭绝，2007 年，联合国粮农组织将列为重点保护品种。在英国、澳大利亚和欧洲部分地区也有饲养，尤在北美受到推崇，种群规模不断扩大（图 2-4）。

图 2-4 微型地中海驴

体型外貌：微型地中海驴体格矮小，体型匀称，体质结实，四肢强健。毛色以灰色为主，鼻端、腹下和四肢内侧呈浅色，多有背线、鹰膀，部分有斑纹。斑毛、白毛、栗毛较少，但更珍贵。

成年体高一般为 66.04~91.44 厘米，体重 113.4~204.12 千克。国际微型驴登记会（IMDR）登记标准为体高不超过 96.52 厘米。美国驴和骡协会（ADMS）登记标准体高为 91.44 厘米以下。体型优美，体高越低，价格越高。从育种发展方向看，更倾向体高 66.04~91.44 厘米，以避免侏儒型个体出现。

品种性能：微型地中海驴寿命可达 30~35 岁，甚至更多。性情温顺，运步灵活，易于训练，成本低，挽力好，儿童娱乐、训练骑乘、拉车性能佳。在美国微型驴市场发展良好，三粉微型驴尤为受宠。2007 年北美微型驴销售会上，68 头驴均价超过 1 600 美元，公驴售价甚至超过 8 000 美元。

第二节　驴的外貌鉴定

一、驴的外貌结构特点及鉴定技术

1. 头颈部

头是驴体的重要部位，眼、耳、鼻、口和大脑中枢神经，均集中在头部，它是调节机体的中心。头在驴的运动中可比做杠杆上的重点，可调整重点和支点的关系，保持力量平衡，以便充分发挥使役能力。另外，头的结构与驴的气质也密切相关，它直接关系着驴的种用价值。

（1）头。驴头形一般都为直头，凹头及凸头均较少见，以直头为好。驴、骡头均比马稍长。中和小型驴的头长一般为体高的 42% 左右，而大型驴一般为 40% 左右。驴头一般都较重，且往往不大灵活。这对役用驴尚可，但对大、中型种公驴来说，则要求头短而清秀，皮薄毛细，皮下血管和头骨棱角要明显。头向应与地面呈 45°角，头与颈呈 90°角。对种公驴更应严格选择。

（2）眼。驴眼要求大而明亮，富有光彩。但驴眼比马小，瞎眼极少，驴骡眼瞎后表现为眼珠浑浊，且不经常闭眼，运步时高举前肢，并经常转动两耳，也就是人们常说的"瞎眼耳动""聋驴耳静"。耳长而灵活，耳壳薄，皮下血管明显。耳距要短，耳根硬而有力。垂耳，耳根松弛，厚长而被毛浓密都属于不良，不宜作种用。

（3）鼻。鼻孔是呼吸道的门户，应大而通畅，鼻大则肺活量大，代谢旺盛。

驴的鼻孔一般较小，但鼻翼灵活。鼻孔内黏膜应呈粉红色，如有充血、溃烂、脓性鼻漏和呼吸有恶臭者，均为不健康的象征。

（4）口裂。驴的口裂较小。对种公驴要求口裂大些。口大则叫声长，为优良种驴的特征。口大利于采食。

（5）颌凹。颌凹俗称槽口，要宽而凹，表示口腔大，采食好。下颌所附嚼肌发达。表示咀嚼和消化力强。大型驴颌凹宽度为6~8厘米，小型驴为4~6厘米。颌凹过窄者，外头形不佳，采食、消化能力差。

（6）颈。颈连接头与躯干，起传递力量、平衡驴体重心的作用。颈部是驴发育较差的部位，同马比较，短而薄，多为水平颈。颈长与头长基本相等。为体高的40%~42%。由于颈部肌肉发育不够丰满，因而与躯干的连接多呈楔状，颈肩结合往往不良。颈与躯干连接的地方称颈础。驴多呈水平颈，故颈础都较低。颈形多为直颈，颈脊上的鬣毛稀疏而短。选择、鉴定时，应特别选留那些颈部肌肉丰满及头颈高昂（正颈）的个体（图2-5）。

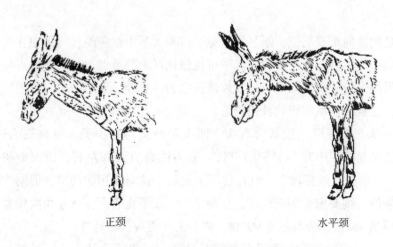

正颈 　　　　　　　　　　　水平颈

图2-5　驴的正颈和水平颈

2. 躯干部

驴的躯干部包括鬐甲、背、腰、尻、胸廓、腹等部位。其内部器官虽然不能看到，但从外面观察，可以推断其发育情况。鉴定中通常将驴体躯干分为3段：肩端至肩胛后缘切线称前躯，肩胛后缘至髋结节段为中躯，髋结节至臀端为后躯。马匹的前、中、后三躯比例基本上各占 1/3。重型马中躯稍长，一般也只占体长的 35%~40%。而驴的前、中、后三躯之比为：（20~25）：（45~50）：30。中躯长是驴躯干部位的重要特点。

（1）鬐甲。驴的鬐甲因第 3~5 胸椎棘突较短，加之颈肩部肌肉和韧带发育不丰满，所以外形上显然不如马的明显（马的鬐甲率一般为 3%~5%，而驴的仅为 1%~2%）。鬐甲是躯体头颈、四肢及背腰肌肉、韧带的支点，它的优劣和生产性能关系极为密切。由于驴的鬐甲发育不佳，其头部的灵活程度、前肢的运动速率及背腰力的传递，也明显低于马。在外形鉴定中应重视鬐甲发育的情况，要特别注意选择鬐甲明显的个体。对种公驴的鬐甲部尤应慎重选择，鬐甲低弱者，应予以淘汰，不可姑息。

（2）背部。背腰窄而长是驴的重要特征，这种外观上的直觉，并非由于驴的胸椎和腰椎发育过长，而是由于驴的肩胛短立和尻部过斜，肋平欠拱所致。从类型上看，小型驴的背腰较长，其体长率为 103% 左右，中型驴为 101%，而大型驴为 98%~100%，鉴定时要特别注意其背腰发育状况，凹背、软背、长腰的个体驴，应弃之不选。

（3）尻部。驴的盆腔窄小，而荐骨高长，位置靠上，故驴尻部尖、斜而窄。加之臀部肌肉发育欠佳，尻形多为尖尻，尻向一般在 30° 角以上为斜尻或垂尻（髋结节至臀端连线与水平线之夹角）。驴尻部较短，只占体长的 30%。因此鉴定中对于尻部肌肉发育丰满、尻宽而大、尻向趋于正尻者，都属美格，应注意选留。

（4）胸廓。驴肋骨短细而呈平肋，胸浅而窄，故驴的胸廓发育远不如马。马的胸深率一般为 50% 左右，胸宽率为 25%~27%，而驴的胸深率为 41%~45%，胸宽率仅为 22%~23%。从类型上看，小型驴的胸深率多为 45% 左右，大型驴则为 40% 左右。各类型驴在胸宽率方面则无明显差别。

（5）腹部。驴的腹部一般发育良好，表现充实而不下垂，草腹者较少见。膁部（即腰部两侧下方凹陷处）极明显，这是因腰椎较长之故，大型驴（特别是种公驴）的膁部要短而平。

生殖器官：对于种公驴要特别注意睾丸的发育。睾丸要大而匀称，有弹性，滑动于阴囊内而无痛感。隐睾、单睾者不能作种用。阴茎要细长而直。母驴乳房应发达，乳头要大，并略向外开张。

3. 四肢

四肢的作用是支持躯体和运动。前肢负重，又是运动的前导，后肢司推进，相当于躯体的发动机。因此要求四肢发育结实，关节干燥，肌腱发达，肢势正确。

（1）肩部。由于驴的肩胛骨短而立，肌肉发育浅薄，故多呈立肩。肩胛中线与地面夹角为70°左右（马为55°～60°）。马的肩长而斜，故胸部较深，驴肩胛短而立，则胸也浅，由于肩短而肌肉发育也差，故驴的前肢运步步幅小，弹性较差。

（2）前肢。驴前肢的上膊、肘、前膊、前膝、管部、球节、系及蹄等部位，一般发育正常。弯膝、凹膝、内弧、外弧等失格均少见。驴蹄质坚实，多为高蹄，裂蹄、广蹄甚少，鉴定时应特别注意检查有无管骨瘤。

判断前肢正肢势标准是：前望——从肩端中点作垂线，应能平分前膊、膝、管及球节、系及蹄。侧望——从肩胛骨上1/3处的下端作垂线，通过前膊、腕、管、球节而落在蹄的稍后方。

由于驴的前躯发育较差，不少个体前肢都伴有轻微的狭踏、X形（外弧）、外向及后踏等不正肢势，在小型驴中更为明显（图2-6）。

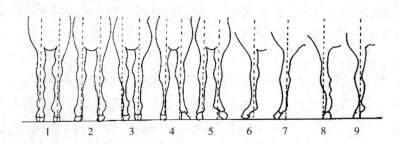

1. 前望正肢势；2. 广踏；3. 狭踏；4. "X"形；5. 外向；6. 侧望正肢势；7. 前踏；8. 后踏；9. 弯膝

图2-6 前肢的正肢势和不正肢势

（3）后肢。驴后肢各部一般发育较好。鉴定时应着重检查有无常见的飞节损征，如飞节软肿、内肿、外肿。驴的盆腔发育狭窄，特别是耻骨狭窄，驴的后肢几乎全部伴有不正肢势（图2-7）。

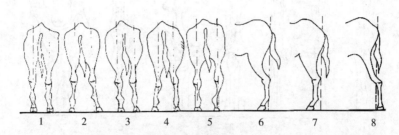

　　1. 后望正肢势；2. 广踏；3. 狭踏；4. "X"形；5. "O"形；6. 侧望正
肢势；7. 前踏；8. 后踏

图2-7　后肢正肢势和不正肢势

　　判别后肢正肢势的标准是：侧望——由臀端引一垂线，能及飞端，沿后管缘
而落在蹄的后面。后望——从臀端引一垂线，通过胫而平分飞端、后管、球节、
系及蹄。

　　驴后肢不正肢势主要为外向或内弧，并伴有前踏、后踏等肢势。对飞节、肘
部有软肿，管骨有骨瘤者，不应选留作种用。

　　鉴定中对于驴后肢不正确势，不应过分苛求，因为不正肢势的形成，多由
于结构所致，一般不是因利用和发育不良所引起，故应特别注意选留后肢结构
良好、表现正肢势的优秀个体作种用。对于驴的四肢损征（图2-8）应准确
掌握。

二、驴的毛色与别征

　　识别驴的重要依据之一是毛色与别征。毛色与别征也是品种的特征之一。驴
的体毛分被毛和保护毛两种。被毛是覆盖全身的短毛，每年春末开始更换一次。
保护毛是指那些长而粗的毛，主要是鬣毛（颈上沿）、尾毛、距毛及触毛等。驴
的保护毛同马相比，显得稀疏而短。

（一）驴的毛色分类

1. 黑色

全身被毛和长毛基本为黑色，但以其特点又分为下列几种。

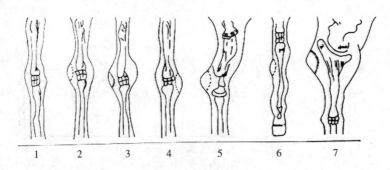

1. 正常；2. 软肿；3. 外肿；4. 内肿；5. 侧视；6. 管骨瘤；7. 肘部囊肿

图 2-8 四肢的损征

（1）粉黑。亦称三粉色或黑燕皮。全身被毛和长毛为黑色，且富有光泽。唯口、眼周围及腹下是粉白色，黑白之间界限分明，简称"粉鼻、亮眼、白肚皮"。这种毛色为大、中型驴的主要毛色。粉白色的程度往往是不同的。一般在幼龄时多呈灰白色，到成年时，逐渐显黑。有的驴腹下粉白色面积较大，甚至扩延到四肢内侧、胸前、颚凹及耳根处，在陕西北部一带，也叫做"四眉驴"。

（2）乌头黑。全身被毛和长毛均呈黑色，亦富有光泽，但不是粉鼻、亮眼、白肚皮，这叫"乌头黑"，或叫"一锭黑"。山东德州大驴多此毛色。关中驴偶尔亦有此色。

（3）皂角黑。其毛色基本与粉黑相同，唯毛尖略带褐色，如同皂角之色，故叫"皂角黑"。

2. 灰色

被毛为鼠灰色，长毛为黑色或接近黑色。眼圈、鼻端、腹下及四肢内侧色泽较淡，多具有背线、鹰膀和虎斑等特点。一般小型驴多此毛色。

3. 青色

全身被毛是黑白色毛相混杂，腹下和两肋间有时是白色，但界限不明显。往往随年龄的增长而白毛增多，老龄时几乎全成白色。称白青毛。还有的基本毛色为青色，而毛尖略带红色，称红青毛。

4. 栗色

全身被毛基本为红色，口、眼周围，腹下及四肢内侧色较淡，或近粉白色，或接近白色。在关中驴和泌阳驴中有此色，数量极少。偶尔还有被毛为红色或栗色，但长毛接近黑色或灰黑色者。由于被毛色泽的浓淡程度不同，可分别称为红色、铜色或驼色。

（二）驴的别征

驴的别征主要指暗章，白章绝少。

1. 白章

分布于头部及四肢下端的白斑，称为白章，驴的白章极少，不像马那样普遍。在小型驴中偶见额部有小星，四肢有白章者很少。

2. 暗章

驴的背上、肩部和四肢常见的暗色条纹，统称为暗章，又分别称为背线、鹰膀和虎斑。此外，中小型灰驴耳朵周缘，常有一黑色耳轮，耳根基部有黑斑分布，称为"耳斑"。这些都是小型驴的重要特征之一。驴的各种暗章，并非同时出现于同一驴体。一般驴的背线及鹰膀明显，而虎斑则色淡或隐没不现。

3. 苍头

在驴的额部，白毛与有色毛均匀混生，呈霜样，称为苍头。多见于苍色及青色驴。

4. 火烧脸

此系粉色驴常见的别征之一，即表现为粉色驴头部被毛毛梢呈棕红色，在眼圈及嘴头处尤为明显，称火烧脸，此别征多见于关中驴及其他大型驴。

三、驴的年龄鉴定

选购驴或进行良种登记时，首先要鉴定其年龄，因为驴的生产性能和种用价值与年龄密切相关。使役、饲养、治疗时，更应视年龄不同而区别对待。所以必须掌握年龄的鉴定技术。

鉴定驴的年龄有两种方法：一是依据外貌，二是依据牙齿。前者只能区别年龄相差较大的个体，而不能区分年龄接近的个体。后者鉴定年龄较为准确，但鉴定者要有一定的实践经验。

（一）依据外貌鉴定年龄

1. 幼龄驴

皮肤紧而有弹性，被毛光泽明亮，肌肉丰满，四肢长，体短，胸浅。在1岁以内，额部、背部、尻部往往生有长毛，毛长可达5~8厘米，蹄匣上宽下窄，且直立。

2. 老龄驴

皮肤少弹性，由于皮下脂肪少，故显松弛，额及颜面部有散生白毛，眼盂凹陷，眼角出现皱纹，眼皮松弛下垂，精神沉郁，对外界刺激反应迟钝。背部明显下凹或弓起。因老龄齿根变浅，显得下颌变薄。四肢的腕关节、跗关节角度变小，多呈弯膝。老龄使役驴则更明显。

根据以上外形特点，老龄驴及幼龄驴易于区分。特别是两岁以内的幼驴，体型呈明显幼稚型——肢长而体躯短。

（二）依据牙齿鉴别年龄

依据牙齿鉴别驴的年龄，基本按马年龄鉴别的方法进行，主要是依据驴切齿的发生、脱换及磨灭的规律进行鉴定，此法对于10岁以内的驴有较高的准确性。

驴切齿数及名称驴的切齿共12枚，上、下各6枚，按其排列分门齿、中齿和隅齿（图2-9）。臼齿上、下颚每侧各12枚，又分为前臼齿和后臼齿。切齿和前臼齿初生时为乳齿，以后脱换为永久齿。驴切齿数及名称通常以"齿式"表示如下。

驴的齿式

	左后臼齿	前臼齿	犬齿	切齿	犬齿	前臼齿	右后臼齿
上颌	左后臼齿	前臼齿	犬齿	切齿	犬齿	前臼齿	右后臼齿
下颌	左后臼齿	前臼齿	犬齿	切齿	犬齿	前臼齿	右后臼齿
	3	3	1	6	1	3	3
公驴							= 40
	3	3	1	6	1	3	3
	3	3	0	6	0	3	3
母驴							= 36
	3	3	0	6	0	3	3

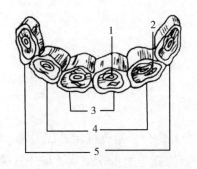

1. 齿坎痕；2. 齿星；3. 门齿；4. 中间齿；5. 隔齿

图 2-9 驴切齿排列及名称

第三节 驴的选育技术

一、驴生长性状相关基因

驴生长性状相关功能基因的研究主要集中在单个基因上。Liu 等筛选了中国 13 个品种的驴 MSTN 基因的单核苷酸多态性（SNPs），通过测序和聚合酶链反应-限制性片段长度多态性（PCR-RFLP）方法对四个新的单核苷酸多态性进行了检测和基因分型。结果表明，新疆驴的单倍型多样性最高。构建了不同物种间 MSTN 基因进化树，9 个聚类的结果与物种分化的事实一致，为我国驴遗传资源的保护与利用奠定了理论基础。Chen 等利用 PCR-SSCP 对 Cytb（细胞色素 b）基因进行了基因分型，并与中国的云南驴、德州驴、凉州驴三个驴品种生长性状进行了关联分析，结果表明该基因与云南驴的尻宽和德州驴的体高有显著相关性。朱文进等对驴生长素基因进行了克隆与分析，证实了 DNA 序列在 1267 位的 C→G 突变可能影响到驴的生长发育。王颜颜等应用 PCR-SSCP 技术对新疆和田和喀什良种驴群体的 DGAT2 基因的内含子 3 进行了单核苷酸多态性检测和分析，发现两种等位基因 A 和 B，存在 AA 和 AB 两种基因型；AB 型的驴存在 A→G 的突变，使赖氨酸突变为精氨酸，可以作为体尺性状的候选分子遗传标记。

驴皮含有丰富的胶原蛋白，是阿胶的重要原料。对于驴皮用性状的研究鲜有报道，国内王艳萍等对不同年龄、不同部位新疆驴皮中 I 型胶原蛋白 2 个亚基基因（COL1A1、COL1A2）mRNA 的表达量及其蛋白含量的差异进行了分析，结果表明 6~7 岁年龄段的驴皮中 COL1A1、COL1A2 基因的表达量及其蛋白含量显著高于其他各年龄段。

二、驴毛色相关基因

科研人员对马白斑点表型的分子遗传机制进行了深入研究，类似的表型也发生在驴上，而这些斑点表型的分子遗传学机制在驴上还有待进一步研究。Giosu 等选择 KIT 基因作为驴白斑和白色表型的候选基因，通过对 21 个 KIT 外显子进行突变分析，鉴定出白色驴中第 4 外显子中的错义突变（c. 662A > C；p. Tyr221Ser），而在白斑驴中鉴定出了另一个突变（c. 1978+2T>A）。Abitbol 等鉴定了 MC1R 基因上一个错义突变与驴红色毛色表型相关。许多动物的白化症是由酪氨酸酶（tyrosinase，TYR）基因的突变引起的，酪氨酸酶是合成真黑素和棕黑素两种黑色素的关键酶。Utzeri 等利用候选基因法对意大利的 Asinara 白化驴的致病突变进行了鉴定，鉴定出了 7 个单核苷酸多态性，在一个高度保守的氨基酸位置有一个错义突变（c. 604C>G；p. His202Asp），这个突变会破坏功能蛋白的第一个铜结合位点。

三、驴乳用性状相关基因

αS2 的酪蛋白是反刍动物和马科动物的奶中三个钙敏感酪蛋白之一，由 CSN1S2 基因编码产生。Cosenza 等对两种 CSN1S2 cDNA 进行了克隆测序和分析，鉴定了 CSN1S2 I 基因上存在两个突变（第 12 个外显子第 119nt 位置 T→C 和第 14 个外显子第 12nt 位置 G→A）和 CSN1S2 II 上的一个突变（第一内含子第 197nt 位置 A→G）。Selvaggi 等对 Martina Franca 驴群体 CSN3 基因第 1 外显子上的两个 SNPs（c. − 66A > G，GenBank AY579426 和 c. − 36C > A，GenBank AY579426）进行了基因分型，分型结果都为 AA 型。PRLR 基因主要参与调控乳蛋白基因的表达，是一类重要的参与乳蛋白合成的基因。毕兰舒等利用 PCR-SSCP 方法对疆岳驴 PRLR 基因侧翼区进行多态性分析，揭示了 PRLR 基因突变与泌乳性状显著相关，可以作为疆岳驴乳用型选育的分子遗传标记之一。

第四节　畜禽遗传标记

一、畜禽遗传标记的定义与发展

畜禽遗传标记是指能够用以区别畜禽个体或群体及其特定基因型、并能稳定遗传的标志物质。畜禽遗传标记经历了从宏观到微观、从细胞内到细胞外，从外部表型到蛋白质再到 DNA 的发展历程。

二、畜禽遗传标记的分类

1. 形态学标记

几千年来，劳动人民最先通过体型外貌特征进行个体选择，培育了许多具有优良特性的地方驴品种，此种能够用肉眼识别和观察，明确显示遗传多样性的外观性状称为形态学标记。马属动物形态学标记主要包括马属动物的毛色、耳型、体型、外貌、夜眼的位置和形状等。伯乐相马就是人们利用形态标记进行马匹个体优良特征鉴定的一个实例。再如夜眼（chestnut）也叫附蝉，是普遍存在于驴和其他马属动物四肢内侧上方，一块圆形的角质化皮组织，表面柔软光滑，颜色不同于其他处的皮组织。Kojouri 等（2010）研究发现夜眼的形状、大小和年龄、身高、体重相关，但和毛色、性别无关。每头驴夜眼的形状大小不完全一样，就像人的指纹一样具有代表性，因而生产上多将夜眼作为驴身份识别的标志物。形态学标记简单直观，但标记数目少，多态性低，且易受外界环境条件的影响。因此，依据它进行选择的准确性差，所需时间长，选择效率低。

2. 细胞遗传标记

细胞遗传标记主要指染色体核型（染色体数目、大小、着丝粒位置、核仁组织区等）、带型（Q、G、C、R 带型）和数量特征的变异等，它们分别反映了染色体在结构和数量上的遗传多态性。马属动物染色体数目存在种属特异性，如家驴为 62 条，非洲野驴为 62~64 条，蒙古野驴为 54 条，藏野驴为 52 条，家马为 64 条。细胞遗传标记克服了形态标记易受环境影响的缺点，多态性集中表现在染色体高度重复 DNA 结构的异染色质所在部位。但细胞遗传标记经常伴有对动物有害的表型效应，有些物种忍受染色体结构和数目变异的能力较差，且观测和鉴定较困难，从而限制了细胞遗传标记的应用。

3. 免疫遗传标记和生化遗传标记

免疫遗传学标记是以动物的免疫学特性为标记，包括红细胞抗原多态性和白细胞抗原多态性。动物红细胞表面有很多可以区分复杂血液型的抗原-血液特异抗原，它们是划分血液型的基本因子。主要组织相容性复合体（MHC）是白细胞表面抗原中最复杂、最具遗传多态性的标记。MHC 基因具有独特的遗传结构，连锁基因呈单倍型遗传，多态性复杂。

生化遗传标记主要是指在同一畜禽个体中具有相同功能的蛋白质存在两种以上的变异体。同一种蛋白质存在的遗传多态性统称为蛋白质型。但蛋白质型是基因表达的产物，局限于反映基因组编码区的遗传信息，且标记的数量不能很好地覆盖整个基因组。

4. 分子遗传标记

它是一种新的以 DNA 多态性为基础的遗传标记，与其他遗传标记相比，具有无表型效应、不受环境的限制和影响、普遍存在于所有生物、数量丰富等优点，其重要性日趋明显。理想的分子遗传标记应具备以下特点：遗传多态性高；检测手段简单快捷，易于实现自动化；遗传共显性，即在分离群中能够分离出等位基因的 3 种基因型。

（1）限制性片段长度多态性（Restriction fragment length polymorphism，RFLP）。利用限制性内切酶消化基因组 DNA，形成大小不等、数量不同的分子片段，不同基因组的 DNA 因为在检测区域内发生了点突变、片段缺失、插入或重排等，导致酶切位点发生改变，从而使得 RFLP 谱带表现出不同程度的多态性。RFLP 分析是最早应用于畜禽遗传学研究的分子标记技术。近年来，人们将 PCR 技术用于 RFLP 分析，即 PCR-RFLP。该技术先用 1 对引物特异性扩增基因组的某一区间，然后用限制性内切酶消化 PCR 产物，电泳检测其多态性。与免疫和生化遗传标记相比，RFLP 标记具有共显性遗传、无表型效应、不受年龄和性别的影响等优点。然而，RFLP 分析一次只能检测一个位点，多态信息含量较低，而且操作复杂，耗时费力，成本高，且对模板 DNA 需求量大。

（2）微卫星 DNA 标记。它又称为短串联重复序列或简单重复序列，是分布于真核生物基因组中的简单重复序列，由 2~6 个核苷酸的串联重复片段构成。重复单位的重复次数在个体间呈高度变异性且数量丰富。

（3）随机扩增多态性 DNA（Random amplified polymorphism DNA，RAPD）。利用一系列碱基顺序随机排列的寡核苷酸单链（通常为十聚体）为引物，对靶基因组 DNA 进行 PCR 扩增，扩增产物经凝胶电泳分离后，用溴化乙啶或银染显色，检测由引物结合位点上或引物结合位点之间发生碱基突变、缺失、插入、序列重排等引起的 DNA 多态性。刘娟等（2010）采用 RAPD 技术探讨了德州驴的遗传多态性，发现其多态性比例为 11.1%~37.5%。与其他驴相比，德州驴的遗传多样性处于中等水平。RAPD 标记分析的优点在于：快速简便，避免了探针制备、分子杂交等烦琐技术，经济实用，实验成本低，无须预先了解基因组 DNA 序列，对模板 DNA 需求量少，且可用引物数多，标记覆盖整个基因组，多态信息含量中等。缺点主要为：标记重复性差，可比性不强，PCR 扩增条件中稍有差异，就会导致扩增结果发生改变；标记呈隐性遗传，无法判定杂合子和显性纯合子。

（4）扩增片段长度多态性（Smplified fragment length polymorphism，AFLP）。将一特定接头连接在基因组 DNA 酶切片段的两端，然后通过接头序列和 PCR 引物 3' 末端识别，对酶切片段进行扩增。由于不同基因组 DNA 和酶切片段存在差异，从而产生扩增产物的多态性。AFLP 标记谱带丰富且清晰可辨，一次可检测到 100~150 个标记，实验结果稳定，重复性好。它的不足之处在于大部分标记呈显性遗传，操作不如 RAPD 简便，实验成本较高。

（5）单核苷酸多态性标记（Single nucleotide polymorphism，SNP）。SNP 是指染色体上的某个位点存在单个碱基的变化，包括单个碱基的转换、颠换、插入及缺失等，SNP 具有如下主要特性：①高密度，SNP 是基因组中最普遍、频率最高的遗传标记，在人类基因组中平均每 1 000 碱基会出现 1 个 SNP，平均遗传距离为 2~3cM。②代表性，某些位于基因表达序列内的 SNP 有可能直接影响蛋白质结构或表达水平，鉴别此类 SNP 对于复杂表型性状与基因变异之间的关联分析具有重要的意义。③易实现自动化分析，SNP 标记为双等位标记，在检测时只需鉴别"有或无"的方式，无须像微卫星标记那样对片段的长度做出度量，因而容易实现自动化分析。目前主要目标是制作高密度 SNP 图谱和尽可能多地鉴定基因中的常见 SNP。

（6）线粒体 DNA 标记（Mitochondrial DNA，mtDNA）。每个细胞有数百个线粒体，每个线粒体内含有 2~10 个拷贝的 mtDNA 分子，且每个线粒体 DNA 分子中任何碱基都有可能发生突变，故线粒体 DNA 突变率高，约为核 DNA 的 10~20 倍，它有可能发生在所有组织细胞中，包括体细胞和生殖细胞。线粒体 DNA 结构紧凑，唯一的非编码区是 D-环区（D-Loop）。D-Loop 为 mtDNA 分子的控制区，在 mtDNA 的复制和转录过程中起重要作用，已知 mtDNA 分子的重链复制起点和双链的启动子均在 D-Loop 内。D-Loop 的碱基突变率比 mtDNA 分子其他区域高 5~10 倍，作为 mtDNA 分子内的高变区，D-Loop 区序列分析是 mtDNA 多态性研究的重要内容。

mtDNA 呈母性遗传，即母亲将她的 mtDNA 遗传给她的所有子女，她的女儿们又将其 mtDNA 传给下一代。严格的母系遗传和极高的进化率等特征，使得 mtDNA 标记非常适合畜禽单亲（母亲）亲缘鉴定、种质资源的起源、分子进化和分类的研究。

第五节　基因检测与驴毛色鉴定

毛色是识别畜禽品种和个体的重要依据和主要标识，是畜牧业工作中不可缺少的内容之一。驴的毛色基本分为六大类：①粉黑：全身被毛和长毛呈黑色，富有光泽，唯眼周、鼻端和腹下呈粉白色，黑白之间分明而不混杂，俗称"粉鼻、粉眼、白肚皮"。此种为驴的主要毛色，各地区均可见到。②黑色：全身被毛和长毛呈黑色，富有光泽，俗称"黑乌头""一抹黑"，德州驴乌头品系为典型代表。③灰色：全身被毛呈青灰、青褐或者青白色，腹下鼻端颜色较浅，长毛为黑色或者近于黑色，此种毛色多在小型驴中常见。④青色：全身黑白毛相混。常见于黑毛对于白毛，腹下或两肋间仍有白毛，且白毛随年龄增长而增多。⑤驼色：全身呈黄白、草黄至暗红黄色。多见于关中驴和泌阳驴，数量较少。⑥白色：全身白色，长毛为白色或浅灰，多见于新疆皮山青驴。

毛色主要由黑色素细胞产生的真黑素和褐黑素两种黑色素的分布及比例所决定。许多基因相互间共同作用调控黑色素的产生和分布，最终形成各种单毛色和复毛色。一方面，单个基因发生突变可影响毛色的形成；另一方面，多个基因还可通过相互间的作用控制毛色的产生。

毛色性状是一种可利用的遗传标记，在确定杂交组合、品种纯度和亲缘关系等方面均有一定的用途，同时毛色性状也能产生很高的经济价值，如黑毛驴可制作上品阿胶等。

第六节　微卫星 DNA 检测在驴上的应用

一、微卫星 DNA 检测与驴亲子鉴定

亲子鉴定是指利用分子遗传学、生物学及医学的理论和技术判断亲代与子代是否具有血缘关系。驴业生产实际中有时需要确定驴的亲子关系。在 DNA 分析方法之前，主要是通过辨认血型和蛋白质型等传统的方法来进行亲子鉴定。这些标记因变异性小、准确性差而使得应用范围受到限制。

微卫星 DNA 位点数多，多态信息含量丰富，杂合度高，多个微卫星位点可以联合分析，且易于自动化和标准化，这些特点使其在畜禽个体鉴定中独具优势。根据微卫星 DNA 的侧翼保守序列设计引物，通过 PCR 技术扩增不同个体的微卫星 DNA 位点。通过分型技术检测微卫星 DNA 标记的遗传多态性。分析亲代个体和子代个体各微卫星标记的基因型是否相符，以达到鉴定亲子关系的目的。

国际动物遗传协会（ISAG）推荐驴上存在多态性的微卫星位点，如 AHT4、HMS6、ASB23、HTG10、HMS3、HMS2、HTG7、HMS7、HMS18、TKY343、TKY312、TKY337、TKY297 等，采用 PCR 的方法扩增上述位点，通过凝胶电泳检测基因型。根据两亲代及子代的 13 个微卫星位点的基因型判断其是否存在亲子关系，对于亲代和子代基因型不符的个案，重新采样鉴定，两次结果一致即可排除亲子关系。

二、微卫星 DNA 检测与驴的父系起源研究

驴作为重要的役用家畜，在选育过程中经长期的定向选择，有较强的环境适应能力。Y 染色体由于其雄性特异性而被广泛应用于父系进化的研究，也为研究

中国家驴父系起源提供了新的视角。Y 染色体微卫星（Y-STR）一般是由 1~6 个碱基为核心序列组成的首尾相连的串联重复序列，具有多态性高、重复性好等优点。通过 Y-STR 研究推测家驴可能存在 3 个独立的父系起源，中国家驴和欧洲家驴可能拥有不同的父系起源。

第七节　驴基因组研究概况

内蒙古农业大学芒来教授课题组在 2015 年首次描绘了关中驴和蒙古野驴的基因组图谱。其中家驴基因组测序覆盖度达 42.4X，拼接得到基因组大小 2.36Gb，Scaffold N50 为 3.8Mb。高质量的测序及拼接结果为后续研究提供了依据。通过比较基因组学的分析，发现了 1 292 个驴的快速进化的基因。驴的快速进化的基因主要富集在有氧呼吸、脑发育、淋巴细胞分化的调节，三羧酸循环和乙酰-CoA 的分解代谢过程。这些变化可能反映了驴更有效的能量代谢和更强的免疫力。而马的快速进化的基因主要富集在心脏循环、神经管图案、感光细胞的维护和核糖体合成等途径。这些结果反映了驴的较强抗病能力和马的活泼的性格及更强的运动能力。

来自美国和欧洲的 Renaud 等（2018）提出了一种新的高质量驴基因组组装技术：Chicago HiRise 组装技术，将驴基因组组装到亚染色体水平（scaffolds 大小比之前报道的大 4 倍）。本次的数据情况：共计测得 2.32Gb 数据，覆盖度为 61.2X，scaffold N50 为 15.4Mb，最长 Scaffold 为 84.2Mb。

山东省农业科学院联合东阿阿胶和华大基因等运用二代、三代及 Hi-C 技术进行了德州黑驴的基因组测序和组装，达到了染色体水平。同时对国内外 30 多个品种的驴进行了重测序研究，共在驴中检测到 680 万个 SNP 和 67 万个 In/DeL，为后续驴的起源驯化、品种形成分析提供了基础。

第三章 驴的繁殖生产关键技术

第一节 驴的生殖生理

一、生殖生理

1. 初情期

驴的初情期一般在 8 ~ 12 月龄。此时，生殖器官仍在继续发育，不能参与配种。

2. 性成熟

生殖器官发育成熟、发情和排卵正常并具有正常繁殖能力的时期，称为为性成熟。此时期生殖器官发育基本完成，开始产生具生殖能力的性细胞（精子或卵子），具备繁殖后代的能力，一般驴驹的性成熟期为 12 ~ 15 月龄。驴的性成熟期受到品种、自然环境条件、营养和饲养管理等多方面的因素影响。

3. 适配年龄

适用于初次配种的年龄称为初配年龄。驴虽然到了性成熟阶段，但身体发育尚未完全成熟时，过早配种影响母驴本身和胎儿的生长发育。母驴开始配种的体重一般应为其成年体重的 70% 左右，母驴的适配年龄以 2.5 ~ 3 岁为宜。母驴达到体成熟时才能开始配种。种公驴到 4 岁时，才能正式配种使用。

4. 繁殖性能

驴的情期受胎率为 40% ~ 50%，繁殖率为 60%。繁殖年龄可持续到 16 ~ 18 岁，营养好时可繁殖到 20 岁以上。

5. 发情季节

驴是季节性多次发情的动物。一般在每年的 3—6 月份进入发情的旺盛期，7—8 月份酷暑期发情减弱。发情期延至深秋才进入乏情期。母驴发情较集中的季节称之为发情季节，也是发情配种最集中的时期。在气候适宜和饲养管理好的条件下，有的母驴也可常年发情。但秋季产驹，驴驹初生重偏低、成活率低、断奶重和生长发育均差。

二、发情与排卵

（一）发情周期

驴的发情周期平均为 21 天。根据卵泡发育和黄体形成情况将发情周期分为卵泡期和黄体期。其中，发情持续时间为 5~8 天，部分驴发情持续时间更长。研究发现：膘情好的母驴发情数量多，发情持续时间短，膘情差的母驴发情数量少，发情持续时间较长。

（二）卵泡发育与排卵

卵泡的发育从形态上可分为几个阶段，依次为原始卵泡、初级卵泡、次级卵泡、三级卵泡和成熟卵泡。卵泡成熟后，在激素作用下，卵泡壁破裂，发生排卵。驴排卵的部位发生在卵巢中的排卵窝。

新疆畜牧科学院畜牧研究所的研究人员通过观察 1 100 多头母驴发现：通过公驴试情、直肠结合 B 超检查，母驴卵泡小于 3 厘米即开始表现发情，卵泡一般为 2 期卵泡。其中自然发情母驴一般卵泡体积达到 4 厘米后开始排卵，而用人绒毛膜促性腺素处理的母驴体积达到 3.5 厘米后开始排卵，人绒毛膜促性腺素 2 000 国际单位一次肌内注射处理卵泡体积大于 3.0 厘米的发情母驴，90% 的发情母驴在 36~48 小时排卵，而人绒毛膜促性腺素注射处理的卵泡体积小于 3.0 厘米的发情母驴，排卵率较低。同时，排卵率的高低与卵泡壁的厚薄有很大关系，卵泡壁厚，不易排卵，卵泡壁薄，易排卵。部分驴两侧卵巢各有一个卵泡发育，注射人绒毛膜促性腺素后，两侧卵巢都可以同时排卵。排卵后的母驴仍有发情表现，通过 B 超检查，排卵后的卵巢呈现灰黑色的影像。

（三）发情鉴定方法

1. 外部观察法

主要根据母驴外部表现来判断发情程度，确定配种时间。配种人员应早晚巡视驴群。母驴发情时阴唇肿胀，抿耳吧嗒嘴。新疆畜牧科学院畜牧研究所科研人员在新疆开展驴人工授精试验，发现母驴发情最明显的外部特征为两耳朵后抿、尾巴后翘、吧嗒嘴、外阴忽闪、主动接近公驴和将臀部靠近公驴配合公驴交配（图3-1）。

图3-1　母驴发情的表现

2. 直肠检查方法

将发情母驴牵到四柱栏内进行保定。检查人员剪短并磨光指甲，带上一次性长臂手套，手套上涂润滑液，五指并拢成锥形，轻轻插入直肠内，手指扩张，以便空气进入直肠，引起直肠努责，将粪排出或直接用手将粪球掏出。掏粪时注意不要让粪球中食物残渣划破肠道。

检查人员手指继续伸入，当发现母驴努责时，应暂缓，直至狭窄部，以四指进入狭窄部，拇指在外，此时可采用两种检查方法：①下滑法，手进入狭窄部，四指向上翻，在第3至第4腰椎处摸到卵巢韧带，随韧带向下捋，就可摸到卵巢。由卵巢向下就可摸到子宫角、子宫体。②托底法，右手进入直肠狭窄部，四指向前下摸，就可以摸到子宫底部，顺子宫底向左上方移动，便可摸到子宫角。到子宫角上部，轻轻向后拉就可摸到左侧卵巢。直肠检查为卵巢呈蚕豆形，未发情卵巢手感较硬有肉感。

触摸时，应用手指肚触摸，严禁用手指抠揪，以防止抠破直肠壁，引起大量出血或感染而造成死亡。触摸卵巢时，应注意卵巢的形状、质地，卵泡大小、弹力、波动和位置。

直肠检查卵泡发育的判定标准：根据直肠检查触摸卵巢，可判断卵泡的发育情况。一般卵泡的发育可分为 7 个时期。

①卵泡发育初期。两侧卵巢中开始有一侧卵巢出现卵泡，初期体积小，触之形如硬球，突出于卵巢表面，弹性强，无波动，排卵窝深。此期一般持续时间为 1~3 天，不配种。

②卵泡发育期。卵泡发育增大，呈球形，卵泡液继续增多。卵泡柔软而有弹性，以手指触摸有微小的波动感。排卵窝由深变浅。此期持续 1~3 天，一般不配种。

③卵泡生长期。卵泡继续增大，触摸柔软，弹性增强，波动明显，卵泡壁较前期变薄，排卵窝较平。此期一般持续 1~2 天，可酌情配种（卵泡发育快的驴配种，反之则不配）。

④卵泡成熟期。此时卵泡体积发育到最大程度。卵泡壁甚薄而紧张，有明显的波动感，弹性减弱，排卵窝浅。此期可持续 1~1.5 天。应在这一期卵泡开始失去弹性时进行交配或输精。

⑤排卵期。卵泡壁紧张，弹性消失，卵泡壁非常薄，有一触即破的感觉。触摸时，部分母驴有不安和回头看腹的表现。此期一般持续 2~8 小时。有时在触摸的瞬间卵泡破裂，卵子排出。直检时则可明显摸到排卵凹及卵泡膜。此期宜立即配种或输精。

⑥黄体形成期。排卵后，卵巢体积显著缩小，在卵泡破裂的地方形成黄体。黄体初期扁平，呈球形，稍硬。因其周围有渗出血液的凝块，故触摸有肉样实体感觉。此时不应配种。

⑦休情期。卵巢上无卵泡发育，卵巢表面光滑，排卵窝深而明显。

3. B 超检查方法

（1）B 超的工作原理。B 超仪通过探头向动物体内发射超声波，超声波遇到不同器官后发生发射产生回声，通过探头搜集回声的数量，通过软件对回声的数量进行处理后显示在屏幕上，回声数量多图像越亮、白，回声数量少图像越暗、黑。通过观察图像的情况即可显示检查的器官的状态。由于液体、气体对声音的反射效果差，回声少，因此在屏幕上显示为暗、黑色，由于实质器官对声音的反射效果好，回声多，因此在屏幕上显示为亮、白色。如卵泡在屏幕上显示为暗、黑色，黄体在屏幕上显示为亮、白色。

（2）B超的使用。将超声波B超仪探头顺手指方向握于掌心，食指、中指、无名指位于探头上方，进入肠管后轻轻压住探头使之贴近肠壁。拇指及小指分别紧捏探头两个侧面，以固定和控制探头方向。确保探头下方即超声波发生方向紧贴肠管，不得被手指及粪便阻挡。五指握紧探头以圆锥形旋转通过肛门进入直肠。进入直肠后，缓慢而轻柔的前后左右移动探头，寻找膀胱，在B超仪显示器上看到膀胱后顺膀胱方向前进至膀胱逐渐消失的位置时，缓慢的左右移动探头寻找子宫壁。找到子宫壁后一边缓慢的顺子宫壁方向前进，一边轻微的左右移动探头，以便观察整个子宫壁的状况。当深入至直肠狭窄部肠管处（即子宫角分叉处）时，将探头贴紧肠管缓慢地向左上方向旋转，此时可观察到呈圆形的子宫角横切面，顺子宫角方向继续向左上，即可观察并测量到左侧卵巢，继续向上方旋转直至卵巢消失不见，然后原路返回。观察时动作要缓慢而轻柔以便观察整个子宫及卵巢的状况。完成左侧检查后顺左侧子宫角方向返回至子宫角分叉处，向右上方旋转观察右侧子宫及卵巢的情况。操作方法同左侧，值得注意的是右侧卵巢位置往往稍微高于左侧，且手臂向右上旋转时难度较大，此时一定要耐心而细心的完成整个右侧子宫角及卵巢的检查。

（3）发情鉴定。在B超中我们可以从子宫体和子宫角的影像中判断母驴是否发情，其中通过子宫角的影像判断发情上尤为直观。

发情的子宫体图像：由于此时子宫体内充有液体，子宫体呈现黑灰不均匀，类似波浪形纹路。

未发情的子宫角没发情。未发情子宫角呈现均匀一致的灰白色圆形图案。

发情的子宫角由于此时子宫角内充有液体，子宫角呈现明显橘瓣样花纹。

（4）卵巢卵泡发育检测。

第二节 驴的配种

一、自然交配

1. 分群交配

将母驴分成若干小群，放入一头种公驴，任其自由交配。这种形式可实现一定的配种率，但很难进行配种记录，且大大降低了种公驴的使用年限。适用于没有能力进行人工输精的小散户。

2. 人工辅助交配

将种公驴与母驴隔离饲养，当母驴发情时，令其与特定的种公驴交配。在配种前对母驴外阴进行清洗消毒，以防止生殖道疾病的传播。

二、人工授精

1. 母驴外阴的清洗和消毒

将母驴保定在四柱栏内，驴尾用绳拴到身体一侧，露出外阴。首先，用干净的温水将肛门及外阴上的粪等洗掉，其次，用1%的新洁尔灭对肛门及外阴部消毒，再次，用干净的温水将消毒液清洗干净，最后用干净的毛巾或纸将肛门及外阴部的水擦干（图3-2）。

2. 输精

将带有精液的无胶塞注射器连接在输精胶管圆端（注意避光），配种员手带消毒一次性长臂手套，站在母驴后方偏左侧，右手五指形成锥形，将输精管的尖端握于掌心，缓慢插入母驴阴道内，将输精管顶端插入子宫颈口内5~7厘米处，左手缓缓将精液推入母驴子宫内。左手慢慢拔出胶管，右手缓缓从母驴阴道内抽出，持续轻揉子宫外阴，防止精液倒流。

输精时应注意的问题：输精部位应在子宫体或子宫角基部，不宜过深，一般以输精管插入子宫颈口内5~7厘米处为宜；输精量以15~20毫升为好；但要保证输入的有效精子数不低于5亿个；输精速度要慢，以防止精液倒流；注射器内不要混入空气，防止感染；发现精液倒流时，可用手捏住子宫颈，轻轻按摩，促

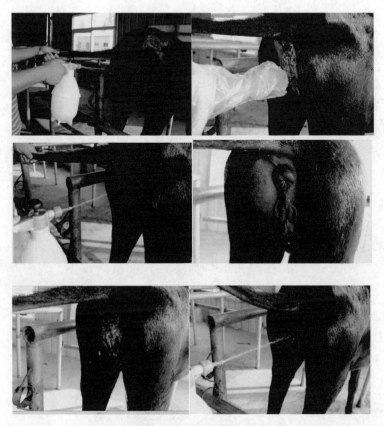

图 3-2　外阴的清洗和消毒

使子宫颈收缩，可轻压背腰部，使其伸展，并牵遛运动。

第三节　妊娠诊断

一、直肠检查

直肠检查法主要是通过触摸子宫角和子宫内胚泡的大小来判断妊娠时间。

驴的保定、排出肠道内粪的方法以及寻找子宫角的方法与发情鉴定直肠检查方法一致。

妊娠情况的判定：驴未妊娠时子宫柔软，由于与腹腔内器官手感相似，难以摸到。妊娠后子宫会变硬，随着妊娠时间的增加，子宫内会有逐渐变大的胚泡出现，通过触摸子宫的变化和子宫内胚泡大小的变化可以判定妊娠时间。

（1）宫角收缩呈圆柱形，角壁肥厚，深部略有硬化感觉，轻捏子宫角尖端，两手指靠不紧，感觉中间隔有肌肉组织，表明怀孕 14~16 天。

（2）子宫角硬化程度增加，轻捏尖端不扁，里硬外敦，中间似有弹性的硬芯，在子宫角基部，向下突出的胚胞感觉明显，如鸽蛋大；空角多弯曲，孕角多平直；空角多比孕角长；两子宫角交界处出现凹沟，表明怀孕 16~18 天。

（3）子宫角孕角质地坚硬如猪尾巴，空角弯曲增大。子宫底的凹沟明显，胚泡如乒乓球大。此时，在卵巢的排卵侧面，可摸到黄体，表明怀孕 20~25 天。

（4）左右子宫角无变化，摸到的胚泡继续增大，形如拳头大小，卵巢黄体明显，表明怀孕 26~40 天。

（5）胚泡继续增大，孕角因为重量加大而下沉，卵巢韧带开始紧张，空角多背负于胚泡上面，胚泡部子宫壁变薄，轻轻触动有波动感，表明怀孕 40~55 天。

（6）胚泡很快增大，大如婴儿头，妊娠侧子宫角下沉，卵巢韧带紧张，两卵巢均下沉，彼此稍微靠近，胚泡处子宫壁薄而软，内有大量胎水，表明怀孕 60~70 天。

（7）两子宫角被胚胎占据，摸不到子宫角和胚泡整体，卵巢更向腹腔前方移位，卵巢韧带更加紧张，两卵巢更加靠近，表明妊娠 80~90 天。直检时，要注意区分胚泡和膀胱，前者表面布满血管，呈球网状，后者表面光滑，并充满尿液。如果区分不清楚时，可等待片刻，使驴排尿后再做检查。

（8）可摸到子宫中动脉的特异搏动。该动脉位于直肠背侧，术者手伸入直肠后，手拿向上用手指贴于骨盆顶部的荐骨，从后向前先找到腹主动脉末端的两条分支，即髂内动脉；再沿正中的腹主动脉向前摸到第二个分支为髂外动脉；在髂外动脉的基部可以摸到由该处分出来走向子宫阔韧带的子宫中动脉，子宫中动脉的特异搏动如水管喷水状，表明母驴已妊娠 4 个月以上。

（9）可摸到胎儿活动，表明怀孕 5 个月以上。

二、超声波诊断

B 超检查主要是通过 B 超图像查看子宫内是否有胚泡来断定妊娠情况。妊娠后 12 天用 B 超即可看到子宫内胚泡的情况，因此 B 超检查适合做早期孕检。

B 超检查中驴的保定和 B 超的使用同发情鉴定中 B 超的使用方法。只是在妊娠检查中需要用 B 超探头扫描子宫情况。

妊娠情况的判定：驴妊娠后，在子宫角内会有胚泡的出现，胚泡中含有大量的液体，因此屏幕上就会出现一个黑色的图像，此即为胚泡。若母驴排卵当天记为第 0 天，则第 11 天即可使用 B 超仪寻找胚泡，11 天胚泡的 B 超影像，此时胚胎多存在于子宫角，也有少数情况存在于子宫体，大小为 6～12 毫米，胚胎呈黑色圆形，上下各有一条亮白色横纹，可以通过横纹来区别胚胎和囊肿。

图 3-3 为胚 B 超影像。

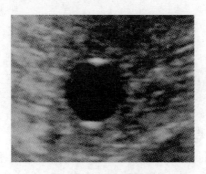

图 3-3 胚 B 超影像

11～57 天胚胎发育影像见图 3-4，11～17 天胚泡增大变形，27 天胚泡中出现胚胎，45 天出现胎儿雏形，可见胎心。

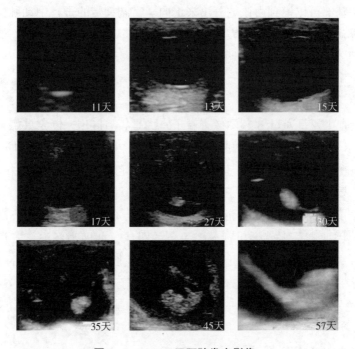

图 3-4　11~57 天胚胎发育影像

第四节　分娩与助产

一、围产期管理

1. 围产期的饲养管理

围产期母驴应该保证充足的营养供应，饮水要清洁，温度适中，添加多维电解质，添加药物期间，每天清洗水槽；饲喂品质较高的饲草和增加精料饲喂量。禁止饲喂过酸、发霉的饲草，冬天饮水温度不低于 15℃，以免引起早产、流产。

2. 产房的准备

产房打扫干净，保证没有剩草、剩料、剩水、粪污等。产房初次要冲洗干净后，进行喷洒消毒，每周 2 次；消毒剂选择百毒杀、聚维酮碘等消毒剂。检查产房水电、圈舍门是否完备及有无安全隐患。保证圈舍内垫草充足，防止产房地面过硬使驴驹损伤。

3. 技术人员的工作要求

技术人员每天早、中、晚 3 次观察母驴的状态，晚上每隔两个小时巡圈一次，应着重观察"下奶"情况，以便做好接产的准备工作。

二、接产

原则：自然生产为主，人工接产为辅。

1. 必要的药品和用具

肥皂（润滑）、毛巾、刷子、消毒药（新洁尔灭、来苏尔、酒精、碘伏）、产科包（助产、难产接产）、剪刀、脸盆、破伤风抗毒素、缩宫素、氯前列烯醇等。

2. 接产流程

在母驴开始生产时，接产员应首先确定胎位是否正常：两前腿首先产出，头包裹在两前腿之间，若胎位不正常应马上联系兽医，进行难产接产。胎位正常时接产员可以等待母驴自然生产（初产驴，因为没有生产经验，可以适当进行人工辅助接产）。

驴驹出生后接产员首先应断脐带，方法：在距离驴驹腹部约 5 厘米处，抓住脐带，手指将脐带内脐血向驴驹侧捋 2 ~ 3 遍，无搏动感后，然后扯断即可，扯断后在断口处涂抹碘伏，避免感染。必要时可以结扎脐带。

断脐带后，接产员应马上清理驴驹口、鼻内的羊水，避免羊水进入肺中，引起异物性肺炎；并用干抹布擦净驴驹身上的羊水，避免羊水蒸发带走热量，引起驴驹疾病。

三、产后母驴与驴驹的护理

1. 母驴产后护理

母驴产后身体虚弱，还需继续哺乳驴驹，供给母驴足够的营养，加强饲养管理，使其身体尽快恢复，以满足母体和驴驹生长发育需要。生产之后接产员应该为母驴准备 5 升温水，水中添加麸皮、葡萄糖和盐，进行喂饮，促进母驴体能恢复。

产后 12 小时内，应该对母驴进行直肠检查，以避免有双胞胎死胎存在。若有双胞胎死胎出现应该人工将死胎排出。接产完后要立即清理掉接产时的污染和湿的垫草，更换干燥的垫草，减少因环境潮湿脏带来的发病隐患。

产后母驴应在 24 小时内注射破伤风抗毒素（防治破伤风的发生）和氯前列烯醇。同时应观察胎衣是否排出，若发生胎衣不下，应及时联系兽医进行处理。及时收集母驴排出的胎衣，检查胎衣是否完整，若不完整说明可能有部分胎衣残留于母驴体内，此时需要报告兽医进行处理。

母驴产后和驹子，体质比较虚弱，天气寒冷时要防寒和贼风，做好保暖措施；母驴产后由于驴驹排出后，腹腔的胃肠道从妊娠时被挤压的状态猛然恢复到平时的状态，此时若大量饲喂草料容易引起胃肠道疾病，因此在母驴产后饲喂量应为平时饲喂量的 2/3，在一周内慢慢恢复到妊娠时的饲喂量。

2. 驴驹的饲养管理

接产员应在产后观察驴驹情况，保证驴驹在产后 3 小时内吃到初乳。并观察胎粪是否排出。若驴驹没有及时排出胎粪，兽医应及时处理，可以直肠灌注肥皂水润滑肠道（或者产后直接直肠末端打入一支开塞露），协助其排出胎粪；驴驹出生后，首先要保证其可以顺利地吃到初乳。饲养员要着重观察母驴是否可以安静的让驴驹吃奶，对于出产母驴由于是第一次产驹可能不习惯驴驹的吃奶，会发生拒绝哺乳的现象。

哺乳前先确诊母驴是否有乳房炎。若出现拒绝哺乳现象，饲养员可以将母驴固定在保定栏内，然后让驴驹开始吃奶，使母驴逐渐适应；若母驴在保定栏内继续拒绝哺乳，此时可以用"鼻捻子"保定母驴或用绳将其一条前腿提起，使其习惯哺乳。若母驴实在无法哺乳，应将驴驹和母驴分开饲养，驴驹可以选择其他母驴代养或是人工喂养。人工饲养时可以选择奶水充足的母驴挤奶进行饲喂，一般每 2 小时一次。如果没有驴奶可以选择牛奶，饲喂时牛奶和温开水 1：1 稀释，并加少许蔗糖。驴驹在出生后开始学习采食草料的时候，这个阶段可以添加微生态制剂，帮助小驴调整胃肠道菌群，增加有益菌群的数量，从而起到预防的作用。

哺乳驴驹的培育是养驴的重要环节之一，是提高其成活率，增加养驴数量、提高驴群质量、降低饲养成本、增加效益的关键时期，因此，特别要注意加强饲养管理。

第五节 发情调控技术

一、诱导发情

1. 诱导发情的概念和意义

诱导发情是借助外援激素和或其他方法使母驴正常发情配种的一种技术措施。诱导法情可以减少母驴的空怀时间，缩短产仔间隔，提高母驴的繁殖力。

2. 诱导发情的处理方法

黄体期的母驴可以通过注射 $PGF_{2\alpha}$ 来加速黄体消融，最佳注射时间为排卵（黄体形成）后 5~8 天。其次，对于较长时间不能发情的乏情母驴，可以注射雌激素或 GnRH 来诱导母驴卵泡的发育、成熟和排卵。另外，用 PGF_2 人绒毛膜促性腺激素（hCG）处理，排卵后配种，此方案诱导发情率高，排卵时间集中，整体妊娠率较高。

二、同期发情

1. 同期发情的概念和意义

用人工的方法对雌性动物的发情周期进行同期化处理的方法叫同期发情，即利用激素制剂，人为的控制并调整某一群雌性动物发情周期的进程，使其在预定的时间内集中发情。该技术有利于规模化养殖场的批量生产和科学化饲养管理，使配种、妊娠、分娩和培育等生产过程相继同期化，从而节省人力和时间，降低管理成本。

2. 同期发情的处理方法

马属动物用孕激素类药物处理，同期发情效果不够理想。而用前列腺素 F_{2a} 及其类似物如氟前列烯醇（1C181008）和氯前列烯醇（1C180996）发情效果较好。采用子宫内灌注法的效果优于肌内注射法。注入子宫内，用量为 1~2 毫克；肌内注射量大些。应用 PGF_{2a} 类似物制剂肌内注射 0.5 毫克。经前列腺素处理后的群体母驴，一般在 2~4 天后有 75% 母驴集中表现发情，另一部分母驴处于非黄体期，因此用药后没有发情。如果要使全群母驴达到同期发情，可在第一使用前列腺素处理后的 11 天，再用前列腺素处理 1 次。

据观测，再间情期（属于黄体期范围）向子宫内注入温热的（40~42℃）生理盐水，可以促使发情期提前到来，这可能是生理盐水刺激子宫内膜，增强前列腺素的分泌，致使黄体溶解，从而引起发情。

三、促进排卵

通过外源性激素诱导卵泡快速成熟，并发生排卵。驴对大多数诱导排卵的激素敏感性差。经过长期大量的验证试验，通过注射 GnRH 缓释液，使母驴在 48 小时内的排卵率达 85%。

第六节 驴精液采集及保存技术

精液采集和保存技术是驴人工授精的重要环节，采精操作涉及种公驴的诱导、采精员准备、假阴道的安装、台驴的准备及采精操作，这些过程是否正确得当对采精的成功率、精液质量、公驴良好性反射的建立、采精员的安全有重要影响。精液保存是将精液采用一定的方法在体外进行储存以便能够较长时间的维持其受精能力，通常精液保存方法有低温保存和冷冻保存两种。精液保存使其能够长途运输，扩大了精液的使用范围，增加了受配母驴的数量，提高了种公驴的利用效能。

一、种公驴采精前的准备

1. 公驴的准备

将种公驴牵至采精室或采精场地，让其靠近母驴后躯嗅闻诱情，公驴阴茎勃起后，迅速牵离，使其背向母驴。工作人员用毛巾蘸上事先准备好的 37~38℃ 的热水，由公驴的左前侧缓慢靠近公驴。一只手紧贴公驴的腹部，另一只手慢慢抚摸公驴并逐步靠近触摸阴茎，然后由下向上搓洗阴茎，如此清洗三遍后用干毛巾擦干阴茎。

2. 采精员准备

采精员两手分别带一次性手套、常规工作手套，穿上工作服、防护鞋、安全头盔等。

3. 器具的准备

采精所用器械包括：假阴道［外壳、内胎、内衬、箍圈、气（水）阀、集精杯（瓶）、保温罩］、润滑剂、75%医用酒精、温度计、一次性长臂手套。假阴道等应该先用洗洁精进行清洗，后用自来水漂洗2遍，用蒸馏水漂洗1~2遍，用干净的纱布遮盖晾干。假阴道使用前半小时，用75%酒精棉球由内向外均匀、充分地涂擦内胎壁和集精杯内外壁进行消毒。

4. 台驴的准备

台驴指用来诱导种公驴爬胯，进行精液采集的支撑实体，可以是母驴（台母驴）或模拟母驴形体人工制作的模型（假台驴）。

用假台驴诱导采精时，台驴高低应调整至种公驴适合爬跨高度为宜。采精前，用一次性塑料包裹假台驴后驱，防止台驴后驱污染种公驴阴茎，造成精液污染。用假台驴采精准备方便，采精时不会出现前后左右移动，相对安全性高。

选活体母驴做台驴时，应选择健壮无病、性情温顺、营养较好、体格大小与公驴不过分悬殊的成年母驴。台驴应用平打绳或驴绊保定，用绷带布或塑料包裹驴尾毛发，并将尾巴拉系于驴体一侧，用温水清洗台驴后躯和外阴部，然用洁净布擦拭干净。

5. 假阴道安装

驴假阴道有3种类型，分别是伊万诺夫型、科罗拉多型、皮革型，最常用的是伊万诺夫型，该型假阴道由外壳、内胎、箍圈、气阀、集精杯、集精杯保温罩组成。

采精前用沸水加热假阴道橡胶内胎、箍圈，将内胎由假阴道外壳漏斗端穿入，固定在外壳上，先套粗的一端，然后再套漏斗端。两端套好后，仔细将假阴道内胎褶皱整理光滑，带上箍圈，灌入45℃左右的热水3~5升，拧紧气阀门，将专用润滑剂或凡士林均匀地涂抹在内胎壁上，涂抹的深度约为假阴道粗口端1/3，将提前用稀释液润洗过的集精杯安装在漏斗口一端，套上集精杯保温罩，视采精公驴阴茎大小吹气调整内胎压力。

6. 采精操作要领

种公驴牵至采精室（场），台驴诱情，当公驴爬跨时，采精员手持假阴道把柄，站立于台驴右（左）后侧，待公驴爬跨后将假阴道平放于母驴尻侧，并速将阴茎导入假阴道。然后诱导公驴后腿靠近母驴的胯部，由公驴自行完成射精动作。射精结束后，拧开气阀放气，并迅速将假阴道递到左手，右手扶在公驴前胸部，边放气边顺势退出，采完精要将假阴道迅速递到验精准备室，取下集精杯，递入精液处理实验室。

二、驴精液保存技术

（一）精液的质量评价

精液质量评价是指，依据精液体积、浓度、精子生物学结构特征和运动特征与受精率具有强相关性，鉴别评价某一份精液受胎能力的高低，同时为精液稀释、分装保存和运输提供依据。精液质量评价总体来说可分为四个水平：宏观水平、细胞形态水平、精子运动能力及精子微观结构。宏观水平的评价包括：精液颜色、射精量、浓度；精液运动能力包括：活精子比例（活率）、前向运动进精子比例（活力）、精子运动速率、直线率等一系列运动参数；精子微观层面包括：精子畸形、质膜完整性、顶体完整性、线粒体功能及 DNA 完整性。

1. 精液的颜色、射精量及浓度

驴精液的色泽一般为乳白色、灰白色或浅黄色。精液密度越高色泽越深，反之则越淡。凡颜色异常的精液表明公畜生殖器官可能有疾病。如精液呈淡绿色是混有脓液，呈淡红色是混有血液，呈黄色则可能是混有尿液，青色和灰色表示精液的密度低；红褐色是生殖道中有深而时间久的炎症或损伤。精囊腺发炎时，精液中有絮状物。色泽不正常的精液应及时查明病因并予以治疗。但要注意有时公畜吃了某些含核黄素的饲料也可使精液颜色变成黄色，应该加以区别。

射精量是指公驴一次采精射出的精液的总体积。可以用带有刻度的容器直接测量，测量前要先去除其中的胶状分泌物后再测量体积。驴的射精量因品种、年龄及个体不同而有很大差异，一般为 30~70 毫升。每匹公驴的射精量一般都有固定定范围，需要注意的是射精量与采精操作有一定关系，如果采精过程中公驴性反射强烈，等待爬胯的时间长则采集的精液副性腺液多精液体积大，如果公驴的兴奋性不够或假阴道舒适性差则会出现射精不完全，精液量少。评定公驴正常射精量，应以一定时间内多次射精总量的平均数为依据。

精液密度指每毫升精液中所含的精子总数。精液密度的大小直接关系到精液稀释倍数和输精剂量的计算，也是评定精液品质的重要指标之一。驴精子密度测定通常用血细胞计数法和光电比色法进行测定。血细胞计数法，将精液按一定比例稀释，混合均匀后，滴加于血球计数器的计数室与盖玻片之间。要注意避免精液溢出玻片外，避免计算室内有空间或气泡。后将计数器置于 400 倍的显微镜下计数。计算时，一般数五个大方格内的精子数，（对角线上 4 个、中间 1 个，每个大方格内有 16 个小方格，共 80 个小方格）。按上述方法数完五个大方格内的精子数，代入公式，求出每毫升的精子数。光电比色法。这是目前最快捷评定精子密度的一种方法。此方法的原理是根据精子浓度与精液透光率成反比的关系，利用光电比色计通过吸光度值来估计精子密度。采用该方法进行精液密度测量前，先需建立不同密度精子的吸光度标准曲线，检测时根据精液吸光度值带入曲线方程即可算出精子密度。用该方法测量精子密度时应该避免细胞碎片、副性腺液及其他物质对吸光度值的干扰作用。

2. 精子运动能力评价

精子的运动状态是评价精子受胎能力最重要的参数，可分为主观评价法和计算机精子辅助分析法。主观评价是将原精或稀释后的精液置于普通微镜下直接通过肉眼观测主观判断精液的整体运动状态。计算机精子辅助分析法是借助计算和高速照相机将单位时间内精子运动状态进行连续拍照，记录下精子的运动轨迹，再通过分析软件分析精子运动轨迹，最后统计给出精确量化的精子运动参数。无论是采用何种评价方法，均需将精子置于 37℃温度下。

目测法，取鲜精或稀释后的精液 10~15 微升，滴于干净载玻片上，小心盖上盖玻片（确保不含空气，精液均匀分散），置于显微镜下，放大 100~400 倍观测，避开盖玻片边缘区域精子，观测视野中直线前进精子，原地旋转运动精子、原地摆动精子、倒退运动精子及静止精子。对一份精液进行评价时应至少观测 5 个以上视野。主观检测评价通常根据直线前进精子占总精子的比例，采用 10 级或 5 级评分制。主观评价法操作简便，设备要求低，但存在严重的主观性。

计算机精子分析仪可以分析的精子参数包括活精子比例、前向运动精子比例、精子运动速率、精子运动直线率、精子尾部鞭打频率等一系列运动指标，能够非常可观的评价精液的运动性能，标准化好、重复率，但该设备相对昂贵，在实践中不易推广使用。

3. 细胞形态学评价

畸形率评价，精子畸形率指畸形精子占总精子的百分比，通常用畸形率来描述一份精液的精子畸形程度。畸形精子类型有头部畸形、颈部畸形、中段畸形和主段畸形。为了能够更加精确的评价，通常用染色的方法来检测精子畸形率。用的染色液有署红-苯黑胺（eosin-nigrosin）、署红-苯胺、溴酚蓝-苯黑胺和吉姆萨染色液，每一种染色液染色观察的侧重部位不同。染色时，将一滴稀释后的精液滴加至提前预热过的载玻片一端，再滴加染色液，使染色液与精液混合均匀，染色一定时间（也可以选择在一个小管中将精液与染色液混合染色）。染色完成后进行抹片，风干，用清水洗去多余染色液，置于1 000倍相差显微镜下观察。

4. 精子微观结构评价

顶体完整率评价，顶体是精子头部的帽状结构，顶体内含有多种与受精相关的酶类（顶体酶）。在正常受精过程中，精卵结合后顶体释放顶体酶，溶解卵子透明带，进入卵子完成受精。在精子未与卵子结合之前，精子必须保持一个完整的顶体，如果精子的顶体肿胀或脱落、顶体中的酶类丢失，则无法完成受精过程。因此，对顶体完整性的检测是评价精液质量的一项重要指标。目前最常用的评价顶体完整率的方法是姆萨染色法，将精子进行染色后置于1 000倍显微镜下观测精子顶体完整性。

精子质膜的完整性通常与精子是否"活着"同义，即如果质膜完整认为是活精子。在精子低温保存和冷冻过程中精子质膜极易遭受破坏，从而造成精子死亡。因此检测质膜完整性是精子质量评价的重要指标。精子质膜分为头部质膜和尾部质膜两部分，对于这两部分完整性的检测通常需要用不同的方法。最常用的检测尾部质膜完整性的方法是精子低渗膨胀实验，检测头部质膜完整性的方法是SYBR-14/PI荧光染色法。精子低渗膨胀实验是将待检测的精液在低渗溶液中孵育半个小时，然后将其置于光学显微镜下观察，如果精子尾部质膜完整则精子尾部出现肿胀卷缩，如果尾部质膜不完整则不出现蜷缩。SYBR-14/PI双荧光染色法通常被用来检测精子头部完整率。SYBR-14是一种膜透过性荧光染料，可以进入任何细胞对DNA进行染色；PI是一种仅能通过膜不完整的死细胞的核酸染料。当用两种染料对一份精液进行染色时，所有细胞均可被 SYBR-14 染色，质膜遭到损伤的精子同时也会被 PI 染色。由于 PI 发出的荧光较强可以覆盖 SYBR-14，因此死精子（质膜不完整）在荧光显微镜下显示红色，活精子（质膜完整）显示绿色荧光。

（二）精液低温保存

低温保存是保存温度在 5~10℃，精子处于液态稀释液中进行的保存。具体过程包括精液的前处理、稀释、分装、降温、储存、运输及使用。

1. 鲜精处理

精液的处理是进行精液稀释前的操作过程，主要包括精液处理前准备工作、去除黏稠副性腺液、精液过滤及精液离心。

精液处理前准备，打开水浴锅，调整在 36~37℃，预热稀释液，同时打开恒温箱，对所有和精液接触的器皿进行预热。另外，整个精液处理实验室环境温度需要保持在 22~30℃。

精液过滤，接到刚采集的精液后，首先用玻璃棒挑出精液中的胶状副性腺液，用纱布或精液过滤纸进行过滤，读取精液体积之后对原精进行密度和活力检测评估。需要注意的是精液在添加稀释液前的处理过程速度要尽量快，避免处理过程中精子活力的衰减。

2. 稀释液的选择

精液低温保存的原理是采用低温方式降低精子代谢水平，人为给精子提供体外存活所必需的营养、pH 值环境，同时添加抗氧化剂、抗生素降低体外环境中氧化损伤及外来微生物造成的腐败变质。因此选择稀释液的基本原则就是能够提供足够营养、稳定 pH 值环境、一定的抗氧化效果且在精液保存过程中不发生微生物繁衍。目前世界范围内尚没有专用商品化驴精液稀释液，试验和小规模生产中基本参考马精液稀释液使用，表 3-1 给出了几种常用的精液稀释液配方。

表 3-1　驴常用精液稀释液的组成

成分	柠檬酸-卵黄液	INRA82	INRA96©	Kenney's	E-Z Mixin
葡萄糖（克）	16	50	13.21	49	49
乳糖（克）		3	45.4		

（续表）

成分	柠檬酸-卵黄液	INRA82	INRA96©	Kenney's	E-Z Mixin
羟乙基哌嗪乙磺酸（克）		4.76	4.76		
棉籽糖（克）		3			
柠檬酸钠（克）		0.6			
柠檬酸钾（克）		0.82			
柠檬酸（克）	19.7				
NaHCO$_3$（克）					1.5
三（羟基甲基）氨基甲烷	35				
超高温脱脂奶（毫升）		500			
脱脂奶粉（克）				24	24
酪蛋白（克）			27		
青霉素（国际单位）	100 000	100 000	500 000	1 500 000	
双氢链霉素（毫克）				150	
庆大霉素（毫克）		10	50		
硫酸多黏菌素（毫克）					100
两性霉素 B（毫克）			25		
卵黄液（毫升）	200				
混合盐			a		
超纯水（毫升）			1 000		

a 为氯化钾 0.4 克，磷酸二氢钾 0.06 克，硫酸镁 0.12 克，氯化钠 1.25 克，磷酸氢二钠 0.047 克，碳酸氢钠 0.35 克

3. 精液稀释

精液低温保存过程中当稀释液确定后，精清浓度是影响精液保存效果的最主要因素，生理条件下精清的主要功能包括：①促进精子获能，精清中有多种蛋白通过修饰精子质膜和与雌性生殖道中的其他分子共同作用促进精子完成获能；②以产生信息素吸引雌性、抑制其他雄性个体精液活力和降低雌性交配欲望等方式实现精子竞争；③以促进精子运动、营造合适酸碱环境、提供精子代谢所需的能量、抑制活性氧、降低雌性生殖道免疫、诱导排卵等方式促进受精。尽管精清对精子有如上诸多好处，但对于马属动物而言，高浓度精清对精子低温保存有

害。部分去除或降低精清比例可以有效改善精液低温储存和冷冻的效果已成共识。因此为降低精清浓度，实践中通常采用两种方法进行精液保存。

直接稀释法保存法，过滤后精液，进行质量评价，稀释的原则是添加精液稀释液将精液浓度稀释至 2 000万/毫升置于低温下保存；或者在不要求精确的情况下，直接进行 1 : 3 稀释，即 1 份精液添加 3 份稀释液。无论采用何种稀释方式，最终需确保精清的浓度低于 25%，分装后采用注射器子宫体输精。采用该方法稀释，通常精液体外保存时间为 24 小时，对于部分种公驴可以达到 48 小时。

离心稀释法保存发法，即通过离心的方式去除多余精清后，再稀释至一定浓度进行保存。具体操作为：精液检测完成后，用预热的稀释液对精液做 1 : 1 的稀释，摇匀后分离到 50 毫升离心管中，置于常温条件下进行 5~10 分钟降温，降到 22℃左右，（600~800）×g 离心力，离心 10 分钟，弃上清液，留下小于 5 毫升下层浓缩精液，添加稀释液调整精子浓度至 2 亿个/毫升，分装至 0.5 毫升细管中进行子宫角深部输精。采用此方法，精清浓度被降低至 5% 以下，可最大限度地延长精液体外存活时间。

4. 精液的低温储存与运输

精液低温储存主要影响因素包括：降温过程、储存温度的选择、运输装置及储存时间。在正常生理温度下，精子代谢速率极高，在短时间内机体会产生大量乳酸和活性负氧离子，乳酸会导致精子内环境稳态被破坏，酶活性降低，ATP 生产下降。活性负氧离子使精子质膜脂质过氧化，质膜通透性增加和酶功能失活，进而致使质膜完整性破坏、精液活力降低。精子代谢速率随着温度的降低而降低，将精子从生理温度降至 5℃，精子代谢强度将降低至生理温度的 7%，因此降低温度对延长精液保存时间至关重要，然而，温度降低至多少最有利，采用何种方式降温最好。关于这两个问题前人在猪、马、牛、羊精液保存中做的大量研究，综合给出的建议是储存温度 5℃ 比较适宜，便于操作；5~20℃ 是精子敏感的温度区间，推荐降温程序是 37~20℃ 相对快速降温，5~20℃ 为 0.05~0.1℃/分钟的速率降温。

精液运输装置的选择应把握以下几个原则，①箱体在盖合后应整体密闭，能防尘、防雨；②箱体外观和内壁的表面光洁平整无裂痕，能防止液体渗漏；③箱体在装入精液之前应保持清洁状态，应易于消毒和清洗；④箱体材料应保证在正常使用条件下，箱体不变形，内部材料不自发产生有害气体；⑤装载 4~10℃ 物件时运输箱外表面不应出现明显的凝露现象；⑥冰袋或冰盒应放置在精液的最上层，并且不得与精液直接接触。

储存时间，驴精液低温保存的极限时间是多久没有相关报道，从生产的角度考虑通常精液保存超过 48 小时，受胎率即会明显下降，因此我们建议精液低温保存至 24 小时，确实需要延长最多不要超过 48 小时。

（三）冷冻精液保存

冷冻保存是指将采集到的新鲜精液，经过特殊处理后，借助超低温冷源（通常是液态氮-196℃），以冻结成固态的形式保存于超低温环境下。通常认为精子冷冻过程中受到的损伤主要有：①快速降温导致的冷休克致使精子质膜结构受损，通透性改变、流动性丢失；②超低温及高渗导致精子蛋白变性，使精子的结构和代谢整体受损；③活性氧导致的脂质过氧化、DNA 片段化及细胞骨架受损；④冰晶造成的精子机械损伤。因此，精液冷冻的所有程序主要是围绕如何使上述损伤最小化。

1. 精液离心

精液冷冻过程中采用离心的主要目的浓缩精液和去除精清，浓缩目的是为了增加精液浓度，便于后续开展输精；而去除精清主要是为了减少精清对精子的激活作用，提高冻后精液活力。通常采用离心的方法进行精液浓缩及去除精清，离心过程中最关键的两个参数是离心力和离心时间的选择，离心力过大会造成精子快速撞向离心管管底，对精子产生机械损伤，离心力过小会造成离心不彻底，最终造成精子浪费。离心时间的长短主要取决于所选择离心力的大小，但当离心力确定时，离心时间太长则无故增加精液冻前的处理时间，造成精液活力降低，离心时间过短则会使上层精子没有足够的时间到达管底。采用常规离心法最佳的离心力为（600~800）×g，离心时间为 10 分钟，但采用该方法上层精清中依然会残留 5%~10% 的精子。为了增加精子回收率且不影响离心效果，国外通常采用添加离心垫的方法，即离心前在离心管底部添加 1 毫升的特制离心缓冲垫，这种缓冲垫密度大，与精液有一定的不相容性且该液体对精子本身无害，添加离心垫后离心过程中精子最终停留在离心垫的上层界面上不会直接"撞"到管底，极大地减少了离心产生的物理伤害，添加离心垫后离心力可以调整至 1 000×g，离心时间可以延长至 20 分钟，采用该离心程序，精子回收的比例可达到 98% 以上。

2. 冷冻稀释液的选择

冷冻稀释液通常由基础稀释液、20% 的卵黄及 3%~7% 的抗冻剂组成。其中抗冻剂的作用最为关键。抗冻剂是一类能够明显提高冻后细胞存活率的物质，精液冷冻过程应用最广泛的抗冻剂是甘油。抗冻剂主要通过 3 种途径发挥抗冻保护作用。①渗透进入细胞替换细胞内的水，抑制冰晶形成；②增加了细胞外未冰晶化通道的体积，为细胞生存提供了更大的空间；③降低了未冰晶化溶液的盐离子浓度，使细胞免受化学损伤。在冷冻过程中，抗冻剂对细胞有显著的保护作用，同时也会对细胞产生两方面的损伤。①渗透性损伤，由于所有的渗透性抗冻剂的分子量都比水大，渗透进入细胞膜的速度都比水慢，在渗透过程中会造成一个短暂的渗透压变化，引起精子细胞的体积的皱缩。②化学毒性，即高浓度抗冻剂会引起精子内部生物酶的变性，造成细胞骨架变性和重排等。基于此，选择合适的浓度和种类的抗冻剂对冷冻效果至关重要，笔者通过比较不同浓度的甘油、乙二醇、二甲基亚砜、甲基甲酰胺、二甲基甲酰胺及不同抗冻剂组合对精子冷冻效果的影响，发现在冷冻液中同时添加 1% 的甘油和 2.5% 的甲基甲酰胺可以获得最佳的冻后效果。

3. 精液的稀释及装管

添加冷冻液。精液浓缩后，进行密度测定，按照 2 亿个/毫升最终浓度计算需要添加的冷冻液体积。分 3 次添加冷冻液，第一次添加 1/5，第二、第三次各添加 2/5，每次添加完成后缓慢摇匀，次与次之间间隔 1 分钟。

精液分装。首先将待盛装精液的细管进行标识，细管标识从左至右依次注明驴场名称、品种、名号、精液生产日期及其他需要特殊注明的标志。然后将混匀浓缩精液，用连接 200 微升枪头的 5 毫升注射器与 0.5 毫升细管棉塞端相连，另一头插入精液稀释液中，吸取 1 厘米长稀释液，离开稀释液吸入 0.5 厘米空气，再将细管插入浓缩精液面下缓缓吸取精液，当最上端稀释液刚接触细管棉塞时，将细管从浓缩精液中取出，继续抽动注射器，直至棉塞端密封为止，用灭菌纱布擦干细管口残留精液。用封口粉进行封口，具体操作将封口粉倒入直径 5 厘米的灭菌培养皿盖中，用培养皿底压实，最终封口粉厚度达到 0.5 厘米以上。将装好精液的细管垂直上下反复插入封口粉中，使封口粉进入细管，进入细管的封口粉长度为 0.5 厘米，再将装入封口粉的细管封口粉端置于无菌水中，使其吸水封闭。除上述手动装管外，还可用市售自动精液灌装机进行精液灌装。

4. 精液平衡

关于平衡对精液冷冻效果的影响机理还不是很清楚，通常认为精液平衡的主要目的是让精子细胞与冷冻液间实现充分的物质交换，尤其是让冷冻液中的抗冻剂（如甘油）充分扩散进入精子置换精子细胞内部的自由水。基于这一点，理论上平衡时间的长短主要受稀释液中抗冻剂浓度和分子进出精子细胞的速率影响。对于同一浓度的某一种抗冻剂，其渗透进入精子细胞达到平衡的时间主要受抗冻剂透过精子膜的速率决定。但实际常规抗冻剂的通透率都很高，抗冻剂在较短的时间即可在精子细胞内外达到平衡，因而精液平衡里一个主要目的可能是让精子膜达到更加稳定的状态。有关平衡时间对动物精液冷冻效果的报道不仅物种间差异大，而且即使同一物种结论也不尽相同。关于驴精液冷冻的最适平衡时间尚无专门报道，笔者经过反复实践推荐采用 4℃ 下 120～180 分钟的平衡。

5. 冷冻程序选择

要确定何种冷冻程序最佳，首先需要理解精液冷冻过程中发生了什么。精液冷冻时，随着温度的下降，大约到达 -7℃ 时，溶液中开始有冰晶析出，固液并存，随着温度的继续降低，未冻溶液中的水分子向已析出的冰晶方向迁移进一步使冰晶体积变大，同时液态溶液由于水的不断流失（减少）溶质含量提高、液体黏度不断更大，随着液体黏度的增加水分子的迁移变得更加困难（越来越慢），当温度下降至未结晶液体的玻璃化转变温度以下时，这部分溶液由液态转变为玻璃态。玻璃态就是一种具有各向同性非晶状固体，其最大的特点是保存了其液态时分子和离子分布（精子如果整体处于玻璃态中则会免受冰晶的物理伤害）。

在这一液固相转变的过程中，降温速率对于精子的存活至关重要。如果降温速率过慢（<10℃/分钟），存在于未冻溶液中的精子将长时间处于一种高渗环境中，精子细胞将会遭受过度脱水和高离子浓度化学伤害。如果降温过快，存在于未冻溶液中的大量水分子因为来不及迁移在未冻溶液内部形成了网状冰晶，不仅使连片玻璃态体积缩小，更重要的是使未冻溶液甘油和溶质浓度大大提高（水分

子结冰使甘油浓缩），当解冻时，温度升高到玻璃化转变温度之上时，精子将直接处在高浓度的甘油中致使其遭受严重的渗透压损伤。

那么，多大的降温速率可以获得最佳的冷冻效果，如何控制降温速率。目前生产中精液冷冻方法主要采用液氮熏蒸法和程序降温冷冻法。熏蒸法将包装好的精液置于液氮面以上一定距离处进行熏蒸冷冻，熏蒸降温速率由细管距离液氮面的高度决定，通常采用2~5厘米高度。程序冷冻降温法是计算机精确控制高压液氮罐中的液氮蒸汽进入冷冻箱的量来精确控制冷冻箱内降温速率，实现按设定程序降温冷冻的方法。在世界范围内规模化的牛冻精生产中心基本已经配备了自动化的精子程序冷冻仪，但对绝大多数试验室和冻精尚未产业化应用的物种液氮熏蒸法仍然是精液冷冻的主要手段。对驴精液冷冻如果采用程序冷冻仪我们推荐的降温程序为−40~60℃/分钟，如果采用液氮熏蒸法，推荐的熏蒸高度为3厘米，熏蒸时间15分钟。

6. 解冻方法

适宜的解冻程序能使精液快速越过危险温区，防止解冻过程中重结晶对精子造成损伤。目前应用的细管精液解冻方法有低温（5℃）、常温（15℃）、体温（35~40℃）及高温解冻法（70~75℃），解冻时间从7~120s不等。对于这几种方法哪一种更优尚无明确结论，不同国家和地区在选择上往往存在较大差异，以牛细管精液为例，英格兰、日本和墨西哥多使用低温解冻法；新西兰、瑞典和澳大利亚使用常温解冻法；中国、匈牙利和前苏联国家多使用体温解冻法；挪威则常用高温解冻法。笔者研究中比较了a（37℃，30s）、b（75℃，7s）、c（46℃，20s）三种解冻程序对精液解冻效果的影响，试验结果显示采用75℃/7s和46℃/20s两种高温快速解冻法取得比常规37℃/30s更优的解冻效果，但需要注意的是采用两种高温解冻法需要严格的控制温度和解冻时间。

三、精液的应用

按精液保存温度的不同可以分为常温保存、低温保存和超低温（冷冻）保存。前两者是液态保存，保存的时间较短，只有1~7天，而冷冻保存的冷冻精液可保存数年或数十年。为驴的人工授精技术的开展奠定了基础。不同保存方式在精液储存中的应用，可以降低采精频率，大大提高了种公驴精液的使用效率，节省人工。冷冻精液的长途运输的供应，可以为养殖场节省饲养种公驴的成本。

第七节 现代繁殖新技术及其在驴育种中的应用

一、超排及胚胎移植技术

超数排卵和胚胎移植（Multiple Ovulation and Embryo Transfer，MOET）技术在大家畜的繁殖育种中的应用始于 20 世纪 80 年代，主要对生产性能优良和遗传性稳定的供体母畜进行外源激素超数排卵处理，使母畜排出比自然状态下多几倍甚至十几倍的卵子，配种后一定时间内将受精卵取出，分别移植到其他母畜受体子宫内，使之产出优良后代的技术。技术路线如图 3-5 所示。

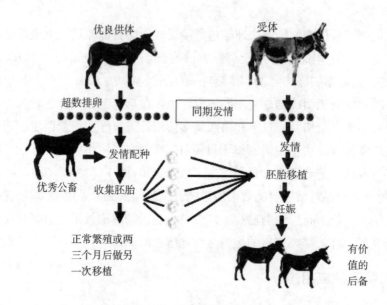

图 3-5 MOET 技术路线

目前 MOET 技术在大家畜的繁殖育种中得到广泛的应用，尤其是在牛上，已开展大规模的商业化应用。驴、马等马属动物由于产业规模和研究水平等因素，目前商业化应用较少，但相关研究一直在进行。

（一）驴超排的常用方法

一般对 4 年以上年龄的供体驴进行超数排卵处理。每天运用 B 超检查供体驴的排卵情况和卵泡大小，排卵后 5~7 天，当最大的卵泡直径达到 20~25 毫米时每天肌内注射 12.5 毫克马 FSH，一天两次；第二天肌内注射 20 微克氯前列烯醇。直到最大的卵泡达到直径大于 35 毫米，停止处理 36 小时。然后静脉注射 2 500 国际单位的 HCG 诱导排卵。第二天人工授精。

（二）超排后人工授精

驴的输精时间一般在最后注射 HCG 诱导排卵后第二天进行，同时由于驴的排卵及发情表现不如牛明显，所以实际操作过程中，通常每天一次 B 超监测排卵情况，来确认排卵日期。

（三）超排胚胎的非手术采集

驴和牛的超排胚胎的收集类似，都是采用非手术法采集。驴胚胎的采集时间一般在 HCG 注射后 8 天，或通过 B 超确认排卵后 6.5 天，通过冲洗子宫角收集胚胎。

1. 冲胚器械

冲胚管（两通式）。子宫颈扩张棒、20~50 毫升注射器若干、集胚漏斗、毛剪等。

2. 冲胚试剂

酒精、碘酊、新洁尔阴、生理盐水、2% 盐酸普鲁卡因、青霉素、链霉素。杜氏磷酸缓冲液（PBS），通常加 1% 犊牛血清。配制 PBS 所有成分必须是分析纯以上化学试剂。要用三蒸水以上纯度的超纯水配制。同时也可以购买美国 GIBCD 公司的 PBS 粉剂，直接用超纯水配制，配制过程见产品说明。配制好的 PBS 经过滤除菌，冷藏保存（4~5℃），pH 值为 7.2~7.6，渗透压为 270~290mOsm。

3. 非手术采集胚胎技术

如图 3-6 所示，具体操作步骤如下：

（1）将供体保定在保定栏中，应用直肠检查法判定卵巢黄体发育状况。两侧卵巢共有 3 个以上黄体时，表示超排成功，才具有冲胚价值。

（2）用2%盐酸普鲁卡因在荐椎和第一尾椎结合处实行荐脊椎硬膜外麻醉，直到尾部松软为止。一般盐酸普鲁卡因用量为5毫升，必要时可增加剂量。

（3）阴部清洗消毒后，用扩宫棒扩张子宫颈，把带内芯的冲胚管慢慢插入子宫角。当冲胚管达到子宫角大弯部时，分数次拔出内芯，每次3~5厘米，同时把冲卵胚管逐步送入子宫角前端。

（4）给充胚管气囊充气。操作者可根据感觉到的子宫角的大小，确定充气量的增减。

（5）抽出冲胚管的内芯。

（6）用50毫升注射器每次吸取PBS液20~30毫升，钳住冲胚管输出口，将冲胚液输入子宫角；再钳住输入管，使回收的冲胚液流入集卵杯中。反复几次冲洗，每侧子宫角共用300~400毫升冲胚液。冲胚速度不能太快，每次输入量不超过40毫升。否则子宫角小弯部韧带侧子宫内膜易破裂，冲胚液流出子宫腔，导致胚胎丢失。

（7）收回集卵杯，室温下静置20分钟左右，在实体显微镜下检测胚胎。

（8）完成两侧冲胚工作后放气，将冲胚管尖端拨到子宫两角分叉处，注入氯前列烯醇0.4毫克，青霉素240万单位，链霉素100万单位。

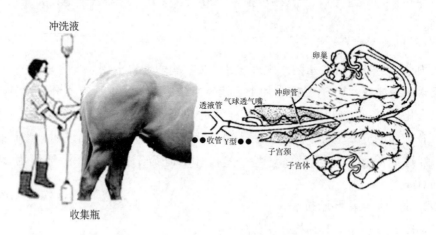

图3-6 非手术法体内胚胎采集示意图

（四）体内冲胚的质量鉴定

1. 胚胎的检出

在室温不低于 25℃ 的无菌室内，用实体显微镜在集卵杯中仔细查找。将检出的胚胎收集到盛有保存液的培养皿中。检出后用保存液冲洗 3~4 次后进行质量鉴定。

2. 胚胎质量鉴定

采用形态学方法进行胚胎质量鉴定。在配种后第 7 天采集胚胎时，胚胎正常发育阶段为桑葚期或囊胚期。根据内细胞团的质量和整个胚胎的形态结构，将胚胎分为 A、B、C、D 四级。A 级：胚胎发育阶段与胚龄相吻合。卵裂球均匀紧凑，轮廓清楚，透明度好。无被挤出的细胞或被挤出的细胞极少。整个胚胎呈圆球形。B 级：胚胎发育阶段与胚龄相符。卵裂球均匀紧凑，轮廓清楚，明显适中。有挤出的细胞，但不超过 1/3，其余部分仍保留类似 A 级的细胞团。C 级：卵裂球轮廓不清楚，细胞分散，色泽过暗或过淡。被挤出的细胞超过 1/3，但仍可找到内细胞团。D 级：胚胎发育阶段与胚龄相符。卵裂球已分散开或细胞已破裂，找不到内细胞团，失去了继续发育的潜力。A、B 级可用于冷冻保存；A、B、C 级胚胎可用于鲜胚移植；D 级为不可用胚胎。

（五）胚胎的冷冻保存

冷冻所需仪器、器械：实体显微镜、胚胎冷冻仪、吸胚管、0.25 毫升麦管、麦管塞、装管器、细菌滤器（0.22 厘米针头式）、培养皿。

冷冻所需溶液如下。

保存液：含有 0.4% 牛血清蛋白的 PBS（美国 GIBCD 公司生产）。10% 甘油。

冷冻液：用保存液配制成 10% 甘油冷冻液。1.5 毫尔/升乙二醇冷冻液：用保存液配制含 1.5 摩尔/升乙二醇和 0.1 毫尔/升蔗糖的冷冻保护液。

胚胎冷冻方法：用 10% 甘油冷冻液作冷冻保护剂的胚胎冷冻。三步预处理：第一步，1/3 10% 甘油冷冻液+2/3 保存液（平衡 5~7 分钟），第二步，2/3 10% 甘油冷冻液+1/3 保存液（平衡 5~7 分钟），第三步，10% 冷冻液（平衡 5~7 分钟）。

冷冻程序：胚胎→保存液冲洗 5~10 次→三步预处理→装管（在 10~20 分钟

内完成）→放入胚胎冷冻仪→以 1℃/分钟速率降温→在-7~-6℃下平衡 5 分钟→植冰→在-7.5~-7℃下平衡 10 分钟→以 0.3℃/分钟速率降温→在-38~-36℃下平衡 10 分钟→投入液氮。

（六）胚胎的非手术法移植技术

1. 受体驴发情排卵鉴定

受体母驴注射氯前列烯醇后 1~2 天开始，跟群观察，严格记录，以母驴接受爬跨为发情标准，并辅以 B 超检测卵巢排卵情况，确定排卵时间。记为第 0 天，6 天后采用非手术法子宫角移植，将同步发育时间的体内超排胚胎移入受体母驴子宫角。

2. 胚胎的移植

（1）移植器械、药品。移植枪，国产和法国卡苏公司生产均可，碘酊棉球，毛剪，2% 利多卡因或盐酸普鲁卡因、75%酒精棉球、5 毫升一次性注射器。

（2）胚胎移植操作步骤。受体在发情排卵后 6~8 天均可进行移植。移植前对受体进行直肠触摸，检查黄体是否合格。合格受体实行 1~2 尾椎间硬膜外麻醉，擦拭外阴部。对照胚龄和受体发情阶段，选择适宜的胚胎，将胚胎（冻胚解冻后）装入 0.25 毫升麦管，麦管装入移植枪，将胚胎移植到有黄体一侧子宫角小弯处，如图 3-7 所示。

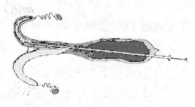

图 3-7　非手术法胚胎移植示意图（直肠把握，子宫角移植）

3. MOET 技术在大家畜的快速扩繁和良种的培育中具有突出的技术优势，主要体现在以下几点。

（1）充分发挥优良母畜的繁殖潜力。在胚胎移植中，选用的供体通常为进口纯种母畜和国内优秀个体，让其生产胚胎，把繁重而漫长的妊娠和生育任务交给受体母畜代替。这样就大大缩短了优秀母畜的繁殖周期，短期内产生较多具有高产遗传性能的优秀胚胎。而受体母畜可以利用本地或杂种母畜的廉价资源。通过对供体母畜进行超数排卵处理，可获得比自然情况下多几倍到十几倍的早期胚胎，移植给受体母畜可产生更多的优秀后代。

（2）代替活体种母畜的引进。常规的活体母畜引进的缺点是费用高，检疫手续非常繁杂，而且能引进的数量极为有限。相比之下，冷冻胚胎的进口具有明显的优点。

①成本（胚胎价格、运输及检疫费用等）明显降低。

②检疫程序相对简单。

③运输时间明显缩短。

④由于体积很小，基本上不受数量的限制。

⑤因运输活体母畜而传播疾病的机会明显减少。

⑥最为重要的是，进口胚胎移植给当地受体母畜后，所产下后代的适应性和抗病能力都会相应提高，这是进口活体无法做到的。

（3）加速育种工作进度。采用胚胎移植不但大幅度增加优良母畜和公畜后代的数量，扩大良种种群，获得更多具有高产性能的半同胞和全同胞的数量，而且可在较短时间内达到后裔测定所要求的后代个体数量，提早完成后裔测定工作，增加选择强度，缩短育种进程。以牛为例，传统繁殖方式，一头良种母畜平均年产后代 1 头，应用 MOET 技术一头超排反应良好的良种母畜平均年产后代可达 20 头。

二、活体采卵与体外受精技术

（1）活体取卵技术是 20 世纪 80 年代初发展起来的一种新型的家畜胚胎工程技术，它是借助活体采卵仪或其他一些简便装置来完成活体采集卵母细胞一系列的过程，也有些国家将此技术称为阴道穿刺采卵，是继体外受精和胚胎移植之后的用于胚胎实验操作和生产繁殖的一项非常实用的胚胎工程技术。

相对于 MOET 来说。OPU+IVP+ET 技术具有许多优势。该技术可以使每头母畜在有限的时间内产生大量后代。因为此技术不依赖于供体母畜的繁殖状态，人们可以通过手术或非手术方式从青年动物以及妊娠 3 月龄内的动物身上采集卵母细胞。另外，对一次采集的卵母细胞可以用不同公畜的精液进行体外受精，而在MOET育种体系中只能使用一头种公畜进行受精，因而OPU+IVP+ET能够获得最大的遗传进展和最小的近交系数（图3-8）。

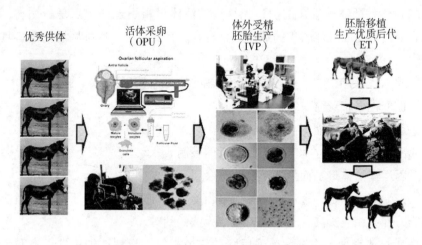

图3-8　OPU+IVP+ET技术示意图

（2）体外受精技术是指在体外人工控制的环境中实现精卵结合，并完成受精的过程。主要包括卵母细胞获得及体外成熟、精子的体外获能、受精及早期胚胎的体外培养等几个连续的过程。目前体外受精技术作为体外胚胎生产的主要技术手段得到了广泛的应用，尤其是在牛的体外胚胎生产中已得到大规模的商业化应用，但是在驴、马等马属动物中，由于其卵母细胞体外成熟机理及技术还不够成熟，因此应用上较少。

三、体细胞克隆技术

体细胞克隆也称作核移植或无性繁殖，它是通过特殊的人工手段（显微操作、电融合等），对哺乳动物特定发育阶段的核供体（胚胎分裂球或体细胞核），以及相应的核受体（去核的原核胚或成熟的卵母细胞），不经过有性繁殖过程，进行体外重构，并通过重构胚的胚胎移植，从而达到扩增繁育同基因型哺乳动物源种群的目的。具体技术路线如图3-9所示。

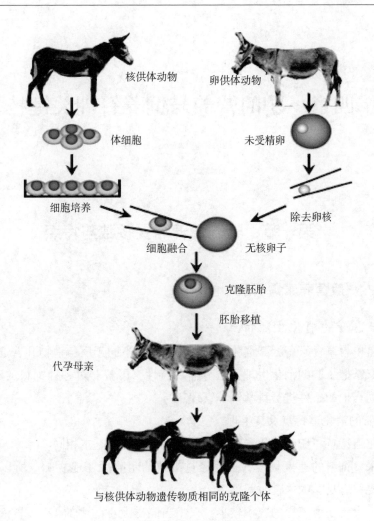

核供体动物　　卵供体动物

体细胞　　未受精卵

细胞培养　　除去卵核

细胞融合　　无核卵子

克隆胚胎

胚胎移植

代孕母亲

与核供体动物遗传物质相同的克隆个体

图 3-9　体细胞克隆技术路线

第四章 驴的营养与饲养管理关键技术

第一节 驴的营养需要参数与特点

一、一般营养素需要及功能

（一）驴的消化生理特点

驴是单胃草食家畜，其消化生理和营养需要不同于反刍动物和普通的单胃动物。只有掌握了驴的消化生理及营养需要特性，了解驴对各种饲料的利用特点，才能依据当地的条件进行科学饲养管理。

1. 驴的消化道特点及其生理

消化道特点，驴的消化器官构造与消化机理与马基本相同。

驴采食饲料的速度较慢，且要经过细致的咀嚼后才能吞咽。所以每次饲喂时，都要留有足够的采食时间。

驴采食后，由于胃的容积较小，只相当同样大小的牛的1/5。胃液的分泌是连续性的，但在日常饲喂时间时，分泌量会有所增加。驴采食鲜干草、麦麸时胃液分泌多，采食存放时间较久的干草或秸秆时分泌少，采食青草时分泌量居中。食物到达胃部7~9分钟以后就开始向肠道转移。2小时以内，2/3的食物就转移到肠中，4小时基本已全部转移出胃。由此可见，驴是既容易饱又容易饿的动物。一次不宜饲喂过多，可采用少喂勤添的饲喂方式，否则，易引起疾病，如饲喂过多，易引起胃扩张，甚至胃破裂。

驴的胃容量小，且食物由胃转移到肠道的速度快，所以饲料的选择要求是疏松、易消化、便于转移、不致在胃内黏结的饲料。如将精料（燕麦、麸皮）和切碎青粗饲料拌匀饲喂，有利于驴的咀嚼、消化和转移，减少消化道疾病的发生。

驴的肠道较长，容量大，饲料的消化吸收主要在肠道进行。在通常情况下，食糜在小肠接受胆汁、胰液和肠液多种消化酶的分解，营养物质被肠黏膜吸收，通过血液循环给机体提供养分。但是，驴没有胆囊，胆汁稀薄，通过粗大的胆管排到小肠后，会导致有些营养物的消化吸收能力变差，特别是对脂肪消化影响较明显。

驴的盲肠较大，有着牛瘤胃的作用，对粗饲料的消化，发挥着重要的作用。食物在盲肠中可滞留18~24小时，约占食物在消化道中滞留时间的1/3以上。盲肠中有大量的微生物，可将植物中的半纤维素和纤维素发酵、分解成挥发性脂肪酸而被吸收。盲肠消化吸收的纤维素占40%~50%，蛋白质占39%，碳水化合物占24%。

驴的肠道直径极不均匀，如盲肠的胃状膨大部、大结肠内径最大处，可达30厘米；但回盲口、盲结口和结肠起始部较细，因此，粪便容易在这些较细的部位形成秘结而致病，即所谓的结症。饲养时必须加对强饲喂方法与饲料种类的管理，预防结症的发生。

一般情况下，以放牧为主的驴很少发生便秘，可见引起便秘的原因不仅仅是驴肠道结构的特殊性。当前，在圈养条件下，驴发生便秘的主要原因可总结如下。

（1）使役重，采食粗饲料过多，肠道负担太重。

（2）饲喂的饲草粗纤维过高，如秸秆饲料。

（3）饲料加工调制不当，如饲草应粉碎或铡短，青饲料或纤维较细的青干草，可以整喂。

（4）饮水不足，特别是在缺水或脱水时，易造成肠道消化液分泌量不足，导致便秘。

（5）突然变换饲草，如由喂青草突然换成干草，或由喂干草突然换成青贮料，都容易造成肠道疾病。所以变换饲草时，应有5~7天的预饲期，使驴逐渐适应新的饲草种类。

（二）驴对粗饲料的消化吸收特点

驴对粗饲料的消化能力略低于反刍动物，主要有以下特点。

（1）对饲料中脂肪的消化能力较差 驴对脂肪的消化率仅相当于反刍动物的60%。所以选择驴的饲料时，应选择脂肪含量低的饲料，如选用榨完油的豆饼喂驴就比直接用黄豆饲喂，效果好得多。

（2）对饲料中粗纤维的利用率较低 驴对纤维素的利用率，与纤维素的质地和含量有密切关系。对含纤维素少，质地好的饲草的消化率，驴与反刍动物相似。纤维素含量高、木质化程度高、质地粗硬的秸秆类，消化利用率低于牛。但驴比马粗纤维消化能力高30%，所以驴比马更耐粗饲。

（3）对饲料中蛋白质的利用 驴与反刍家畜相近。驴对不同饲料中蛋白质的利用率不同，如对玉米中的蛋白质利用率要高于牛，对粗饲料中蛋白质的利用率略低于反刍家畜，因为反刍动物对非蛋白氮利用能力高于驴。如果日粮纤维素含量过高，超过30%~40%，就会影响驴对蛋白质的消化。一般驴日粮纤维素适宜含量为20%左右，相同的日粮与马相比，驴消化能力要高20%~30%。对幼驴和种驴应特别注意蛋白质的供应。

二、驴的营养需要

参考美国国家科学委员会（NRC，2007）年公布的家马和小型马饲养标准，分别降低20%和10%，作为我国200千克左右的中型驴的饲养参考标准，见表4-1、表4-2和表4-3。对于其他大型驴或小型驴，主要按表4-3中精、粗饲料和各种营养成分比例配制日粮。

表4-1　生长期的驴营养需要量

				每千克日粮干物质中含量或百分率							
体重 （千克）	DM （千克）	占体重 （%）	DE （兆焦/ 千克）	TDN （%）	粗蛋白质 （%）	DCP （%）	钙 （%）	磷 （%）	胡萝卜素 （毫克）	维生素A （IU）	日增重 （千克）
50 （3月龄）	2.94	5.9	11.51	62.4	17.9	13.0	0.59	0.37	1.70	680	0.70
90 （6月龄）	3.10	3.4	11.51	62.4	14.9	10.2	0.53	0.34	2.90	1 160	0.50

（续表）

体重 （千克）	DM （千克）	占体重 （%）	DE （兆焦/ 千克）	TDN （%）	粗蛋白质 （%）	DCP （%）	钙 （%）	磷 （%）	胡萝卜素 （毫克）	维生素A （IU）	日增重 （千克）
135 （12月龄）	2.89	2.1	11.51	62.4	11.7	7.1	0.41	0.25	4.58	1 870	0.20
200 （42月龄）	3.00	1.5	11.51	62.4	10.0	5.3	0.29	0.20	4.18	1 670	0

注：本表摘自汤逸人编《英汉畜牧科技词典》TDN（可消化总养分）

表4-2 驴的营养需要量

阶段	体重 （千克）	日增重 （千克）	干物质 采食量 （千克）	DE （兆焦）	DCP （克）	钙 （克）	磷 （克）	胡萝卜素 （毫克）
成年驴维持	200		3.0	27.63	112.0	7.2	4.8	10.0
母驴妊娠90天		0.27	3.0	30.89	160.0	11.2	7.2	20.0
母驴泌乳 前3个月			4.2	48.81	432.0	19.2	12.8	26.0
母驴泌乳 后3个月			4.0	43.49	272.0	16.0	10.4	22.0
哺乳驴驹3月龄除	60	0.7	1.8	24.61	304.0	14.4	8.8	4.8
除母乳外需要			1.0	12.52	160.0	8.0	5.6	7.6
断奶驴（6月龄）		0.5	2.3	29.47	248.0	15.2	11.2	11.0
1岁	140	0.2	2.4	27.29	160.0	9.6	7.2	12.4
1.5岁	170	0.1	2.5	27.13	136.0	8.8	5.6	11.0
2岁	185	0.05	2.6	27.13	120.0	8.8	5.6	12.4
成年驴：轻役	200		3.4	34.95	112.0	7.2	4.8	10.0
成年驴：中役	200		3.4	44.08	112.0	7.2	4.8	10.0
成年驴：重役	200		3.4	53.16	112.0	7.2	4.8	10.0

注：每头每天15~20克食盐。本表摘自侯文通、侯宝申编著《驴的养殖与肉用》

表4-3 驴风干物质（90%DM）为基础的日粮养分含量

阶段		粗饲料占日粮（%）	DE（兆焦/千克）	DCP（%）	钙（%）	磷（%）	胡萝卜素（毫克）
成年驴维持日粮		90~100	8.37	7.7	0.27	0.18	3.7
妊娠末90天		65~75	11.51	10.0	0.45	0.30	7.5
泌乳前3个月		45~55	10.88	12.5	0.45	0.30	6.3
泌乳后3个月		60~70	9.63	11.0	0.40	0.25	5.5
幼驴驴补料			13.19	16.0	0.80	0.55	
3月龄驴驹补料		20~25	12.14	16.0	0.55	0.55	4.5
6月龄断奶驹		30~35	11.72	14.5	0.60	0.45	4.5
1岁驴驹		45~55	10.88	12.0	0.50	0.35	4.5
1.5岁驴驹		60~70	9.63	10.0	0.40	0.30	3.7
	轻役	65~75	9.42	7.7	0.27	0.18	3.7
成年驴	中役	40~50	10.88	7.7	0.27	0.18	3.7
	重役	30~35	11.72	7.7	0.27	0.18	3.7

注：每头每天15~20克食盐。本表摘自侯文通、侯宝申编著《驴的养殖与肉用》

第二节 驴的常用饲料营养价值与饲料配制技术

一、能量饲料

能量饲料是干物质中粗蛋白质含量低于20%，粗纤维含量低于18%，每千克干物质含有消化能10.46兆焦以上的一类饲料。这类饲料主要包括谷实类、糠麸类、脱水块根、块茎及其加工副产品、动植物油脂等。

谷实类饲料是指禾本科作物的籽实。谷实类饲料富含以淀粉为主的无氮浸出物，一般都在70%以上；粗纤维含量少，多在5%以内，仅带颖壳的大麦、燕麦、水稻和粟可达10%左右；粗蛋白质含量一般不及10%，但也有一些谷实如大麦、小麦等达到甚至超过12%；谷实蛋白质的品质较差，其中的赖氨酸、蛋氨酸、色氨酸等含量较少；其所含灰分中，钙少磷多，但磷多以植酸盐形式存在，对单胃动物的有效性差；谷实类的适口性好；谷实类的消化率高，因而有效能值也高。正是由于上述营养特点，谷实类是动物的最主要的能量饲料。

（一）玉米

玉米的营养特点玉米中养分含量与营养价值参见表4-4

表4-4 一些谷实饲料中养分含量（%）

	驴消化能（兆焦/千克）	粗蛋白质	粗脂肪	无氮浸出物	粗纤维	粗灰分	钙	总磷
玉 米	13.5	8.7	3.6	70.7	1.6	1.4	0.02	0.27
小 麦	13.0	13.9	1.7	67.6	1.9	1.9	0.17	0.41
稻 谷	10.6	7.8	1.6	63.8	8.2	4.6	0.03	0.36
糙 米	13.5	8.8	2.0	74.2	0.7	1.3	0.03	0.35
碎 米	14.1	10.4	2.2	72.7	1.1	1.6	0.06	0.35
皮大麦	11.9	11.0	1.7	67.1	4.8	1.9	0.09	0.33
裸大麦	12.7	13.0	2.1	67.7	2.0	2.2	0.04	0.39
高 粱	12.1	9.0	3.4	70.4	1.4	1.8	0.13	0.36
燕 麦	10.0	10.5	5.0	58.0	10.0	3.0	—	—
粟	12.1	9.7	2.3	65.0	6.8	2.7	0.12	0.30

玉米中碳水化合物在70%以上，多存在于胚乳中。主要是淀粉，单糖和二糖较少，粗纤维含量也较少。粗蛋白质含量一般为7%～9%。其品质较差，赖氨酸0.24%、蛋氨酸0.18%、色氨酸0.06%。粗脂肪含量为3%～4%，构成的脂肪酸主要为不饱和脂肪酸，如亚油酸占59%，油酸占27%，亚麻酸占0.8%，花生四烯酸占0.2%，硬脂酸占2%以上。

（二）小麦

小麦的营养特点小麦中养分含量与营养价值参见表4-4。有效能值高，驴的消化能为13.0兆焦/千克。粗蛋白质含量居谷实类之首位，一般达12%以上，赖氨酸含量为0.35%，蛋氨酸0.21%、色氨酸0.15%，均比玉米含量高。粗脂肪含量低（约1.7%），这是小麦能值低于玉米的主要原因。矿物质含量一般都高于其他谷实类，磷、钾等含量较多，但半数以上的磷为无效态的植酸磷。小麦中非淀粉多糖（NSP）含量较多，可达小麦干重的6%以上。小麦非淀粉多糖主要是阿拉伯木聚糖，这种多糖不能被动物消化酶消化，而且有黏性，在一定程度上影响小麦的消化率。

小麦次粉是以小麦为原料磨制各种面粉后获得的副产品之一，比小麦麸营养价值高。由于加工工艺不同，制粉程度不同，出麸率不同，所以次粉成分差异很大。因此，用小麦次粉作饲料原料时，要对其成分与营养价值作实测。

（三）高粱

高粱的营养特点高粱中养分含量与营养价值参见表4-4。高粱籽实的主要成分为淀粉，多达70%。蛋白质含量为8%~9%，但品质较差，原因是其中必需氨基酸即赖氨酸、蛋氨酸等含量少。脂肪含量为3.5%。有效能值较高，驴的消化能为12.1兆焦/千克。所含灰分中钙少磷多，所含磷70%为植酸磷。高粱中含有毒物质单宁，影响其适口性和营养物质消化率。高粱是驴的良好能量饲料。一般情况下，可取代大多数其他谷实。

（四）大麦

大麦的营养特点大麦中养分含量与营养价值参见表4-4。粗蛋白质含量一般为11%~13%，平均为12%，且蛋白质质量稍优于玉米。无氮浸出物含量（67%~68%）低于玉米，其组成中主要是淀粉。脂质较少（2%左右），甘油三酯为其主要组分（73.3%~79.1%）。有效能量较多，皮大麦和裸大麦的驴消化能为11.9兆焦/千克和12.7兆焦/千克。大麦中非淀粉多糖（NSP）含量较高，达10%以上，其中主要由β-葡聚糖（33克/千克干物质）和阿拉伯木聚糖（76克/千克干物质）组成。大麦是驴的良好的能量饲料。

（五）燕麦

燕麦的营养特点　燕麦中养分含量与营养价值参见表4-4，燕麦所含稃壳的比例大，因而其粗纤维含量在10%以上。燕麦中淀粉含量不足60%。蛋白质含量在10%左右，其品质较差。粗脂肪含量在4.5%以上，且不饱和脂肪酸含量高。其中，亚油酸占40%~47%，油酸占34%~39%，棕榈酸10%~18%。由于不饱和性脂肪酸比例较大，所以燕麦不宜久存。由于燕麦含稃壳多，粗纤维高，故其有效能明显低于玉米等谷实。燕麦的驴消化能为10.0兆焦/千克。

燕麦是驴马等的良好能量饲料，其适口性好，饲用价值较高。饲用前可磨碎，甚至可整粒饲喂。

（六）糠麸类饲料

谷实经加工后形成的一些副产品，即为糠麸类，包括小麦麸、米糠、大麦麸、玉米糠、高粱糠、谷糠等。糠麸主要由果种皮、外胚乳、糊粉层、胚芽、颖稃纤维残渣等组成。糠麸成分不仅受原粮种类影响，而且还受原粮加工方法和精度影响。与原粮相比，糠麸中粗蛋白质、粗纤维、B族维生素、矿物质等含量较高，特别是中性洗涤纤维含量高，如小麦麸含量为50%左右，但无氮浸出物含量低，故属于一类有效能较低的饲料。另外，糠麸结构疏松、体积大、容重小、吸水膨胀性强，其中多数对动物有一定的轻泻作用。

小麦麸的营养特点小麦麸中养分含量与营养价值参见表4-5。小麦麸俗称麸皮，是以小麦籽实为原料加工面粉后的副产品。小麦麸的成分变异较大，主要受小麦品种、制粉工艺、面粉加工精度等因素影响。我国对小麦麸的分类方法较多。

表4-5 小麦麸和米糠中养分含量（%）

	干物质	粗蛋白质	粗脂肪	无氮浸出物	粗纤维	粗灰分	钙	总磷
小麦麸	87.0	15.7	3.9	56.0	6.5	4.9	0.11	0.92
米 糠	87.0	12.8	16.5	44.5	5.7	7.5	0.07	1.43
米糠饼	88.0	14.7	9.0	48.2	7.4	8.7	0.14	1.69
米糠粕	87.0	15.1	2.0	53.6	7.5	8.7	0.15	1.82

小麦麸中粗蛋白质含量高于原粮，一般为15%~17%，赖氨酸含量较高，为0.60%。粗纤维含量6%~10%，小麦麸中的中性洗涤纤维（NDF）一般40%~50%，正是这个原因，小麦麸中有效能较低，驴的消化能为9.3兆焦/千克，灰分含量为5%左右，所含灰分中钙少（0.1%~0.2%）磷多（0.9%~1.4%），Ca、P比例（约1:8）极不平衡，但其中磷多为（约75%）植酸磷。另外，小麦麸中铁、锰、锌较多。由于麦粒中B族维生素多集中在糊粉层与胚中，故小麦麸中B族维生素含量很高。

另外，小麦麸容积大。小麦麸每升容重为225克左右。小麦麸还具有轻泻性，可通便润肠，是母畜饲粮的良好原料。小麦麸是驴、马、牛、羊、兔等的良好饲料。用量可占其饲粮的 20%~30%，甚至更高。

米糠的营养特点：米糠、米糠饼、米糠粕中养分含量参见表4-6。米糠是糙米精制时产生的果皮、种皮、外胚乳和糊粉层等的混合物。果皮和种皮的全部、外胚乳和糊粉层的部分，合称为米糠。米糠的品质与成分，因糙米精制程度而不同，精制的程度越高，米糠的饲用价值愈大。由于米糠所含脂肪多，易氧化酸败，不能久存，所以常对其脱脂，生产米糠饼粕。

米糠中蛋白质含量较高，为13%左右，氨基酸的含量与一般谷物相似或稍高于谷物，但其赖氨酸含量高。脂肪含量高达 15%~17%，脂肪酸组成中多为不饱和脂肪酸。粗纤维含量较多（7%~9%），质地疏松，容重较轻。但米糠中无氮浸出物含量不高，一般在50%以下。米糠中有效能较高，如含消化能为11.9兆焦/千克，有效能值高的原因与米糠粗脂肪含量高有关，脱脂后的米糠能值下降。米糠及米糠粕中灰分含量较高，一般7%~10%，所含矿物质中钙（0.07%）少，磷（1.43%）多，钙、磷比例极不平衡（1:20），但80%以上的磷为植酸磷。B族维生素和维生素E丰富。但是，米糠中也含有较多种类的抗营养因子。植酸含量高，为 9.5%~14.5%；含胰蛋白酶抑制因子；含阿拉伯木聚糖、果胶、β-（1.3）、（1.4）D-葡聚糖等非淀粉多糖；含有生长抑制因子。

米糠的饲用价值米糠中含胰蛋白酶抑制因子，生长抑制因子，但它们均不耐热，加热可破坏这些抗营养因子，故米糠宜熟喂或制成脱脂米糠后饲喂。米糠中脂肪多，其中的不饱和脂肪酸易氧化酸败，不仅影响米糠的适口性，降低其营养价值，而且还产生有害物质。因此，全脂米糠不能久存，要使用新鲜的米糠，酸败变质的米糠不能饲用。米糠粕含脂肪小于2%，储存期可延长。

二、蛋白质饲料

蛋白质饲料是指干物质中粗纤维含量小于 18%、粗蛋白质含量大于或等于20%的饲料。蛋白质饲料可分为植物性蛋白质饲料、动物性蛋白质饲料、单细胞蛋白质饲料。

（一）豆粕

大豆粕粗蛋白质含量高，一般在 40%~50%，必需氨基酸含量高，组成合理。赖氨酸含量在饼粕类中最高，为 2.4%~2.8%，赖氨酸与精氨酸比约为

100：130，比例较为恰当。大豆饼粕蛋氨酸0.62%，色氨酸含量0.64%、苏氨酸含量为1.92%含量也很高，与谷实类饲料配合可起到互补作用。大豆饼粕粗纤维含量5%左右，主要来自大豆皮。无氮浸出物主要是蔗糖、棉籽糖、水苏糖和多糖类，淀粉含量低。豆粕粗灰分含量5%左右，矿物质中钙（0.33%）少，磷（0.62%）多，磷多为植酸磷。

豆粕中粗脂肪小于2%，消化能（驴）为13.4兆焦/千克。此外，大豆饼粕色泽佳、风味好，加工适当的大豆饼粕仅含微量抗营养因子，不易变质，使用上无用量限制。

（二）花生粕

花生粕蛋白质含量约47%，蛋白质含量最高可达50%以上，但氨基酸组成不平衡，赖氨酸含量为1.40%，精氨酸含量高，为4.88%，蛋氨酸含量0.41%，色氨酸0.45%，均比豆粕低。驴花生粕的消化能为12.2兆焦/千克。粗纤维含量为5%左右，无氮浸出物中大多为淀粉、糖分和戊聚糖。残余脂肪熔点低，脂肪酸以油酸为主，不饱和脂肪酸占53%～78%。灰分含量5%左右，钙少（0.27%），磷为0.56%，磷多为植酸磷，铁含量略高，其他矿物元素较少。胡萝卜素、维生素D、维生素C含量低，B族维生素较丰富。

花生粕中含有少量胰蛋白酶抑制因子。花生粕极易感染黄曲霉，产生黄曲霉毒素，引起动物黄曲霉毒素中毒。我国饲料卫生标准中（GB 13078—2017）规定，其黄曲霉素B_1含量不得大于50微克/千克。

（三）棉籽粕

棉籽粕中的粗纤维含量主要取决于制油过程中棉籽脱壳程度。棉籽粕粗蛋白质在30%～50%，变化范围较大。氨基酸中赖氨酸含量（1.5%）较低，且有效利用率低，蛋氨酸含量0.58%，色氨酸0.51%，精氨酸含量（4.68%）较高，赖氨酸与精氨酸之比在100：270以上。灰分含量为6.6%，矿物质中钙少（0.28%）磷多（1.04%），其中71%左右为植酸磷，含硒少。棉籽饼粕中粗纤维含量比豆粕高，如粗蛋白质含量为43.5%时，粗纤维含量为10.5%。

棉籽粕的消化取决于粗蛋白质、粗纤维含量，变化范围较大。棉籽饼粕饲用价值主要取决于粗蛋白质、粗纤维及游离棉酚含量。棉籽饼粕中的抗营养因子主要为棉酚、环丙烯脂肪酸、单宁和植酸。由于游离棉酚可使种用动物尤其是雄性动物生殖细胞发生障碍，因此种用雄性动物应禁止用棉粕饲喂，雌性种畜也应尽量少用。

（四）菜籽饼粕

菜籽饼粕均含有较高的粗蛋白质，为34%～38%。氨基酸中赖氨酸含量（1.3%）较低，蛋氨酸含量0.63%，色氨酸0.43%，粗纤维含量较高，为12%～13%，有效能值较低。菜籽外壳几乎无利用价值，是影响菜籽粕有效能的根本原因。灰分含量为7.3%，矿物质中钙少（0.65%）磷多（1.02%），但大部分为植酸磷。菜籽饼粕含有硫葡萄糖苷、芥子碱、植酸、单宁等抗营养因子，影响其适口性。"双低"菜籽饼粕与普通菜籽饼粕相比，粗蛋白质、粗纤维、粗灰分、钙、磷等常规成分含量差异不大，"双低"菜籽饼粕有效能略高。赖氨酸含量和消化率显著高于普通菜籽饼粕，蛋氨酸、精氨酸略高。

（五）向日葵仁粕

向日葵仁饼粕的营养价值取决于脱壳程度。粗蛋白质含量一般为30%～40%，氨基酸组成中，赖氨酸低，含硫氨基酸丰富。粗纤维含量较高，有效能值低。矿物质中钙、磷含量高，但以磷植酸磷为主。向日葵仁饼粕中的难消化物质，包含外壳中的木质素和高温加工条件下形成的难消化糖类。向日葵饼粕适口性好，是驴良好的蛋白质原料。

（六）亚麻仁饼粕

亚麻仁饼粕粗蛋白质含量一般为32%～36%，氨基酸组成不平衡，赖氨酸、蛋氨酸含量低，富含色氨酸，精氨酸含量高，赖氨酸与精氨酸之比为100∶250，饲料中使用亚麻籽饼粕时，要添加赖氨酸或搭配赖氨酸含量较高的饲料。粗纤维含量高，为8%～10%，能值较低。残余脂肪中亚麻酸含量可达30%～58%。钙磷含量较高，硒含量丰富，是优良的天然硒源之一。亚麻仁饼粕中的抗营养因子包括生氰糖苷、亚麻籽胶、抗维生素 B_6。生氰糖苷在自身所含亚麻酶作用下，生成氢氰酸而有毒。亚麻籽胶含量为3%～10%，它是一种可溶性糖，主要成分为乙醛糖酸，它完全不能被单胃动物消化利用，饲粮中用量过多，影响畜禽食欲。

三、粗饲料

粗饲料是指自然状态下水分在45%以下、饲料干物质中粗纤维含量≥18%，能量价值低的一类饲料，主要包括干草类，农副产品类（壳、荚、秸、秧、藤）、树叶、糟渣类等。粗饲料的特点是粗纤维含量高，可达25%～45%，可消化营养成分含量较低，有机物消化率在70%以下，质地较粗硬，适口性差。粗饲料主要成分是由半纤维素、纤维素、木质素、硅酸盐等组成，其组成比例又常以植物生长阶段变化而不同。虽然粗饲料消化率低，是草食家畜不可缺少的饲料种类。

（一）秸秆饲料

稿秕饲料即农作物秸秆秕壳，这类饲料最大的营养特点是粗纤维含量高，一般都在30%以上；质地坚硬，粗蛋白质含量很低，一般不超过10%；粗灰分含量高，有机物的消化率低。我国秸秆饲料主要有玉米秸、麦秸、稻草、豆秸和谷草等。部分秸秆饲料营养成分见表4-6。

表4-6 秸秆的营养成分与营养价值（干物质基础）

饲 料	消化能（兆焦/千克）	粗蛋白质（%）	粗纤维（%）	钙（%）	磷（%）
稻 草	7.3	3～4	30～40	0.1～0.16	0.04～0.06
玉米秸	—	6.5	25～35	0.43	0.25
小麦秸	6.2	3～5	35～45	0.06～0.2	0.03～0.07
大麦秸	8.2	5～6	35～40	0.06～0.15	0.02～0.07
燕麦秸		7.5	28	0.18	0.01
谷 草	8.3	5.0	36	0.3	0.03
高粱秸	8.08	3.9	35		
大豆秸	8.20	5～9	48～54	1.3	0.22
豌豆秸	8.20	16			
花生秧	8.0	8～14	25～35	2.0	0.04
甘薯藤	8.0	8～10	25～35	1.5	0.13

1. 玉米秸

玉米秸具有光滑外皮，质地坚硬。为了提高玉米秸的饲用价值，一方面，在果穗收获前，在植株的果穗上方留下一片叶后，削取上稍饲用，或制成干草、青贮料；另一方面，收获后立即将全株分成上半株或上2/3株切碎直接饲喂或调制成青贮饲料。

2. 麦秸

麦秸的营养价值因品种、生长期的不同而有所不同。常用作饲料的有小麦秸、大麦秸和燕麦秸。小麦秸粗纤维含量高，并含有硅酸盐和蜡质，适口性差，营养价值低。

大麦秸的产量比小麦秸要低得多，但适口性和粗蛋白质含量均高于小麦秸。在麦类秸秆中，燕麦秸是饲用价值最好的一种，其对驴的消化能可达 10.0 兆焦/千克。

3. 稻草

稻草是水稻收获后剩下的茎叶，其营养价值很低，但数量非常大。

稻草的粗蛋白质含量为 3% ~ 5%，粗脂肪为 1% 左右，粗纤维为 35%；粗灰分含量较高，为 17%，但硅酸盐所占比例大；钙、磷含量低，分别为 0.29% 和 0.07%，远低于家畜的生长和繁殖需要。

4. 豆秸

豆秸有大豆秸、豌豆秸和蚕豆秸等种类。由于豆科作物成熟后叶子大部分凋落，因此豆秸主要以茎秆为主，茎已木质化，质地坚硬，维生素与蛋白质也减少，但与禾本科秸秆相比较，其粗蛋白质含量和消化率都较高。

5. 谷草

谷草即粟的秸秆，其质地柔软厚实，适口性好，营养价值高。在各类禾本科秸秆中，以谷草的品质最好，是驴、马的优良粗饲料。

6. 花生秧

花生秧蛋白质比较高，为 8% ~ 14%，含钙比较高，2% 左右，是驴等草食动物优良的粗饲料，消化率比较高。花生秧的使用注意霉变、有无地膜，以及有些花生秧含沙土等灰分含量高的问题。

7. 地瓜秧

蛋白质比较高，为 8% ~ 10%，含钙比较高，1% 左右，是驴等草食动物优良的粗饲料，消化率比较高。

（二）秕壳饲料

农作物收获脱粒时，除分出秸秆外还分离出许多包被籽实的颖壳、荚皮与外皮等，这些物质统称为秕壳。

1. 豆荚类

如大豆荚、豌豆荚、蚕豆荚等。无氮浸出物含量为 42%～50%，粗纤维为 33%～40%，粗蛋白质为 5%～10%，饲用价值较好。

2. 谷类皮壳

有稻壳、小麦壳、大麦壳、荞麦壳和高粱壳等。这类饲料的营养价值仅次于豆荚，但数量大，来源广，值得重视（表 4-7）。其中稻壳的营养价值很差，对牛的消化能低，适口性也差，仅能勉强用作反刍家畜的饲料。

表 4-7 谷类皮壳的营养成分（风干基础）

类 别	干物质（%）	粗蛋白质（%）	粗脂肪（%）	粗纤维（%）	无氮浸出物（%）	粗灰分（%）	钙（%）	磷（%）
稻 壳	92.4	2.8	0.8	41.1	29.2	18.4	0.08	0.07
小麦壳	92.6	5.1	1.5	29.8	39.4	16.7	0.20	0.14
大麦壳	93.2	7.4	2.1	22.1	55.4	6.3	—	—
荞麦壳	87.8	3.0	0.8	42.6	39.9	1.4	0.26	0.02
高粱壳	88.3	3.8	0.5	31.4	37.6	15.0	—	—

四、矿物质和微量元素饲料

矿物质饲料是补充动物矿物质需要的饲料。它包括人工合成的、天然单一的和多种混合的矿物质饲料。

（一）钙补充饲料

1. 石灰石粉

石灰石粉又称石粉，为天然的碳酸钙（$CaCO_3$），一般含纯钙 35%以上，是补充钙的最廉价、最方便的矿物质原料。按干物质计，石灰石粉的成分与含量如下（%）：灰分 96.9，钙 35.89，氯 0.03，铁 0.35，锰 0.027，镁 2.06。

2. 贝壳粉

贝壳粉是陈化的各种贝类外壳（蚌壳、牡蛎壳、蛤蜊壳、螺蛳壳等）经加工粉碎而成的粉状或粒状产品，多呈灰白色、灰色、灰褐色。主要成分也为碳酸钙，含钙量应不低于33%。

(二) 磷补充饲料

磷酸氢钙：饲料级磷酸氢钙是畜禽磷主要的补充来源，饲料级磷酸氢钙国标（GB/T 22549—2008）分为3个型号产品，生产实践中用的Ⅰ型较多，含磷16.5%（表4-8）。

表4-8 饲料级磷酸氢钙

	Ⅰ型	Ⅱ型	Ⅲ型
总磷含量（%）	16.5	19.0	21.0
枸溶性磷（%）	14.0	16.0	18.0
水溶性磷（%）	—	8.0	10.0
钙含量（%）	20.0	15.0	14.0
氟含量（%）	0.04	0.04	0.04

(三) 钠源性饲料

1. 氯化钠

氯化钠（NaCl）一般称为食盐，含氯60.3%，含钠39.7%。国家颁布了饲料级氯化钠添加剂国家标准（GB/T 23880—2009），被越来越广泛地应用于畜禽饲料中。

植物性饲料大都含钠和氯的数量较少，相反含钾丰富。为了保持生理上的平衡，对以植物性饲料为主的畜禽，应补饲食盐。食盐除了具有维持体液渗透压和酸碱平衡的作用外，还可刺激唾液分泌，提高饲料适口性，增强动物食欲，具有调味剂的作用。

草食家畜需要钠和氯较多，对食盐的耐受量较大，很少有草食家畜食盐中毒的报道。一般食盐在驴等草食家畜风干饲粮中的用量约为1%。

2. 碳酸氢钠

碳酸氢钠又名小苏打，分子式为$NaHCO_3$，为无色结晶粉末，无味，略具潮解性，其水溶液因水解而呈微碱性，受热易分解放出二氧化碳。碳酸氢钠含钠27%以上，生物利用率高，是优质的钠源性矿物质饲料之一。

碳酸氢钠不仅可以补充钠，更重要的是其具有缓冲作用，能够调节饲粮电解质平衡和胃肠道的 pH 值，防止精料型饲粮引起的代谢性疾病。添加量一般为 0.5%。

3. 硫酸钠

硫酸钠又名芒硝，分子式为 Na_2SO_4，为白色粉末。含钠 32% 以上，含硫 22% 以上，生物利用率高，既可补钠又可补硫，特别是补钠时不会增加氯含量，是优良的钠、硫来源之一。

（四）微量元素饲料

我国当前生产和使用的微量元素添加剂品种大部分为硫酸盐，碳酸盐、氯化物及氧化物较少。硫酸盐的生物利用率较高，但因其含有结晶水，易使添加剂加工设备腐蚀。由于化学形式、产品类型、规格以及原料细度不同，饲料中补充微量元素的生物利用率差异很大。

目前，常用的微量元素硫酸盐类主要有：一水硫酸亚铁、一水硫酸锌、一水硫酸锰、无水硫酸铜等，其他微量元素原料有亚硒酸钠、硒钙粉、碘酸钙、氯化钴、硫酸钴等。

微量元素添加剂的产品形态，已逐步从第一代无机微量元素产品向第二代有机酸-微量元素配位化合物发展。目前，第三代氨基酸-金属元素配位化合物或以金属元素与部分水解蛋白质（包括二肽、三肽和多肽）螯合的复合物发展也十分迅速。目前作为饲料添加剂的氨基酸盐主要有：蛋氨酸赖氨酸盐、赖氨酸盐、甘氨酸盐等。蛋白质-金属螯合物包括二肽、三肽和多肽与金属的螯合物。

（五）矿物饲料舔砖的使用

舔砖是将动物所需的营养物质经科学配方加工成块状，供动物舔食的一种饲料，其形状不一，有的呈圆柱形，有的呈长方形、方形不等。

舔砖技术方案的要点在于天然矿物质舔盐砖的生产方法是：配料、搅拌、压制成型、自然晾干后，包装为成品。配料由食盐、天然矿物质舔砖添加剂和水组成，天然矿物质舔盐砖含有钙、磷、钠和氯等常量元素以及铁、铜、锰、锌、硒等微量元素，能维持动物等反刍家畜机体的电解质平衡，防治家畜矿物质营养缺乏症，如异嗜癖、白肌病、幼畜佝偻病、营养性贫血等，补饲舔砖能明显改善草食动物的健康状况，提高采食量和饲料利用率，加快生长速度，提高经济效益。可吊挂或放置在家畜的食槽、水槽上方或家畜休息的地方，供其自由舔食。

舔砖是天然矿物质微量元素制成的高质饲料，具有安全、高效、经济、简便的特点，舔砖密度高且坚硬，能适应各种极端气候条件，经高压浓缩的舔砖能大幅度减少浪费。

五、驴饲料配方制定

（一）驴饲料配方的设计

1. 驴的饲料配方设计的原则

饲料配方的设计涉及许多制约因素，为了对各种资源进行最佳分配，配方设计应基本遵循以下原则。

科学性原则：饲养标准（或动物营养需要）是对动物实行科学饲养的依据，因此，经济合理的饲料配方必须根据饲养标准所规定的营养物质需要量的指标进行设计。

设计饲料配方应熟悉所在地区的饲料资源现状，根据当地饲料资源的品种、数量以及各种饲料的理化特性和饲用价值，尽量做到全年比较均衡地使用各种饲料原料。注意饲料原料的品质，所用原料有毒有害物质要符合国家饲料卫生标准。应注意饲料的体积尽量和动物的消化生理特点相适应。应注意饲料的适口性，饲料的适口性直接影响采食量。应选择适口性好、无异味的饲料。若采用营养价值虽高，但适口性却差的饲料须限制其用量。

经济性原则：经济性即考虑经济效益。饲料原料的成本在饲料企业中及畜牧业生产中均占很大比例，在追求高质量的同时，往往会付出成本上的代价。营养参数的确定要结合实际，饲料原料的选用应注意因地制宜和因时制宜，尽可能选择当地饲料资源和物美价廉的饲料原料。

可行性原则：即生产上的可行性。配方在原材料选用的种类、质量稳定程度、价格及数量上都应与市场情况及企业条件相配套。

安全性与合法性原则：按配方设计出的产品应严格符合国家法律法规及条例，如营养指标、感观指标、卫生指标、包装等。尤其违禁药物及对动物和人体有害物质的使用或含量应强制性遵照国家规定。

2. 驴的饲料配方设计的方法

配合饲粮时必须掌握的资料

（1）驴的品种、生产阶段及相应的营养需要量（饲养标准）。

（2）饲料成分及营养价值表。

（3）饲料的价格与成本。

（4）饲喂方式、饲粮的类型和预期采食量。

驴的饲料配方设计的方法一般用试差法，试差法配方设计过程一般步骤如下。

（1）确定设计饲料配方的驴生长阶段的营养需要。

（2）确定所用饲料种类和营养成分和价值。

（3）确定青饲料、粗饲料、青贮饲料等的饲喂量，精料与粗料比例，饲料的营养组成等情况，明确草食动物从青饲料、粗饲料、青贮饲料等获得的营养量。

（4）用试差法计算精料补充料中各种原料的配比，或计算机设计优化配方。

配方设计举例：给6月龄断奶驴驹（体重90千克）设计配合饲料配方。

第一步，确定6月龄断奶驴驹的营养需要。

查相关资料，6月龄断奶驴驹的体重为90千克，日增重0.5千克，每日采食干物质3.1千克，占体重的3.4%，每千克干物质中的DE为11.51兆焦/千克，粗蛋白质为14.9%，钙为0.53%，磷为0.34%。

在生产实际中，饲喂动物时，是以风干饲料为基础的，设计饲料配方应以风干饲料为基础的。假定风干物质中含干物质为88%，那么，每日采食风干物质为3.5千克，占体重的3.86%，每千克干物质中的DE为10.1兆焦/千克，粗蛋白质为13.1%，钙为0.47%，磷为0.30%。

第二步，选择饲料种类，并确定饲料成分和营养价值。

根据生产实际，我们用甘薯藤和花生秧等粗饲料，玉米、豆粕、麦麸、石粉、磷酸氢钙、食盐等精饲料。各种饲料的营养成分见表4-9。

表4-9　所用饲料的营养成分

原料	消化能（兆焦/千克）	粗蛋白质	钙	磷
甘薯藤	7.0	10.0	1.50	0.13

（续表）

原料	消化能（兆焦/千克）	粗蛋白质	钙	磷
花生秧	6.9	8.0	2.00	0.04
玉米	13.4	8.7	0.02	0.27
麦麸	9.3	15.0	0.10	0.95
豆粕	13.4	44.0	0.33	0.62
石粉	—	—	35	—
磷酸氢钙	—	—	21	—

第三步，用试差法计算配方中各种原料的配比。

用试差法计算配方时，最好用 XLSX 电子表格，见表 4-10。表格中第一列为原料名称，第二列为配方中各原料配比，第三列为各原料消化能含量，第四列为各原料在该配方中提供的消化能的量。比如配方中甘薯藤为 16.0% 时，提供的消化能的量 = 7.0×16% = 1.12（MJ），以此类推，各种原料提供的消化能总和为 10.11MJ，与标准 10.10MJ 一致，不用调整。如不一致，通过增减高能饲料和低能饲料的比例进行调整。第五列为各原料中的粗蛋白质含量，第六列为各原料在该配方中提供的粗蛋白质的量，其他以此类推。调整顺序为能量→粗蛋白质→磷→钙→食盐。调整粗蛋白质指标时，通过调整玉米和豆粕的比例来增减粗蛋白质含量，这样调整蛋白指标含量时不会引起能量指标的变化，因为玉米和豆粕的消化能基本一致。

第四步，列出配方及配方各养分含量。

表 4-10　电子表格设计配方

原料	配比（%）	消化能（兆焦/千克）		粗蛋白质（%）		钙（%）		磷（%）	
甘薯藤	16.0	7.0	1.12	10.0	1.60	1.50	0.24	0.13	0.02
花生秧	16.0	6.9	1.10	8.0	1.28	2.00	0.32	0.04	0.01
玉米	33.4	13.4	4.48	8.7	2.91	0.02	0.01	0.27	0.09
麦麸	25.0	9.3	2.33	15.0	3.75	0.10	0.03	0.95	0.24

（续表）

原料	配比（%）	消化能（兆焦/千克）		粗蛋白质（%）		钙（%）		磷（%）	
豆粕	8.1	13.4	1.09	44.0	3.56	0.33	0.03	0.62	0.05
石粉	0.0		0.00		0.00	35.00	0.00		0.00
磷酸氢钙	0.0		0.00		0.00	21.00	0.00		0.00
食盐	0.5		0.00		0.00		0.00		0.00
预混料	1.0		0.00		0.00		0.00		0.00
合计	100.0	10.11		13.10		0.62		0.41	
标准		10.10		13.10		0.47		0.30	

　　精料补充料的设计：以上配方中的去除粗料后的精料混合在一起，即为精料补充料的配方。

（二）全混合日粮（TMR）的加工技术

　　全混合日粮（total mixed ration，简称 TMR）是指根据草食动物不同生长发育阶段营养需要，用特制的搅拌机将铡切成适当长度的粗饲料、精料和各种添加剂，按照配方要求进行充分混合，得到的一种营养相对平衡的日粮。TMR 饲喂技术 20 世纪 60 年代在美国、英国、以色列等国家首先采用，目前，国内规模奶牛场、规模化羊场、规模化驴场已普遍使用。

　　全混合日粮（TMR）的优点：可有效保证动物采食的日粮营养均衡，满足不同生长阶段营养需要，避免动物挑食，提高适口性，增加干物质的采食量；简化饲养程序，提高饲料投喂精确度，减少浪费。可充分利用当地原料资源，降低饲料成本；降低劳动强度，省时、省力，显著提高规模效益和劳动生产率，有利于规模化、精细化、标准化生产；增强消化道代谢机能，消化道疾病的发生。通过该技术应用，可实现分群管理和机械化饲喂，降低饲喂成本，提高到人工效率。

　　加工制作方法：应用全混合日粮（TMR）专用加工设备，将干草、青贮饲料、农副产品和精饲料等原料，按照"先干后湿，先轻后重，先粗后精"的顺序投入到设备中。如果是立式搅拌机，投料顺序与之相反。通常适宜装载量占总容积的 60%~75%。加工时通常采用边投料边搅拌的方式，在最后一批原料加完后再混合 4~8 分钟完成。

日粮评价：混合好的饲料应保持新鲜，精、粗饲料混合均匀，质地柔软不结块，无发热、异味以及杂物。含水量控制在 35%~50%，过低或过高均会影响干物质采食量。检查日粮含水量，可将饲料放到手心里抓紧后再松开，日粮松散不分离、不结块，没有水滴渗出，表明水分适宜。

六、新型饲料添加剂

微生态制剂，也称活菌制剂或生菌剂，是指利用对宿主有益无害的益生菌或益生菌的促生长物质，经特殊工艺制成的制剂。

益生菌：是活的微生物制剂，当以适宜剂量摄入时，能产生有益于宿主健康的影响。主要有乳酸杆菌制剂、枯草杆菌制剂、双歧杆菌制剂、链球菌制剂、芽孢杆菌、酵母等。活菌制剂可维持动物肠道正常微生物区系的平衡，抑制肠道有害微生物繁殖。正常的消化道微生物区系对动物具有营养、免疫、刺激生长等作用，消化道有益菌群对病原微生物的生物抑制作用，对保证动物的健康有重要意义。活菌益生素以对酸、碱、热等变化抗性强的孢子活菌作为有效成分。除了对有害微生物生长拮抗和竞争性排斥作用外，活菌体还含有多种酶及维生素，对刺激动物生长、降低仔畜下痢等均有一定作用。一般添加量为 0.02%~0.2%。

酶制剂：酶是一类具有生物催化性的蛋白质。饲用酶制剂按其特性及作用主要分为两大类：一类是外源性消化酶，包括蛋白酶、脂肪酶和淀粉酶等，这类酶畜禽消化道能够合成与分泌，但因种种原因需要补充和强化。另一类是外源性降解酶，包括半纤维素酶、纤维素酶、阿拉伯木聚糖酶、β-葡聚糖酶、植酸酶等。这些酶动物组织细胞不能合成与分泌，这类酶的主要功能是降解动物难以消化或完全不能消化的物质或抗营养物质，提高饲料营养物质的利用率。由于饲用酶制剂无毒害、无残留、可降解，使用酶制剂不但可提高畜禽的生产性能，充分挖掘现有饲料资源的利用率，而且还可降低畜禽粪便中有机物、氮和磷等的排放量，缓解发展畜牧业与保护生态环境间的矛盾，开发应用前景广阔。

复合酶制剂：是由 2 种或 2 种以上的酶复合而成的，其包括蛋白酶、脂肪酶、淀粉酶和纤维素酶等。许多试验表明，添加复合酶能提高饲粮代谢能 5% 以上，提高蛋白质消化率 10% 左右，可使饲料转化率得到改善。

植酸酶：是现阶段生产中用量最多的单一酶制剂。磷在植物性饲料中含量不一，但大部分以植酸及植酸盐的形式存在，植酸磷约占植物性饲料中总磷的 70% 以上。这些磷难以被单胃动物消化利用，未被利用的磷随动物的粪便排出体外，造成磷对环境的污染；另外植酸还通过螯合作用降低动物对锌、锰、铁、钙等矿物元素和蛋白质的利用率。因此，植酸及植酸盐是一种天然抗营养因子。在植物性饲粮中添加植酸酶可显著地提高磷的利用率，促进动物生长和提高饲料营养物质转化率。以植酸酶替代部分或全部无机磷可降低饲料中总磷含量，降低饲料成本，提高经济效益，同时可减少 30%~50% 的粪磷排放量，防止磷对环境的污染。

非淀粉多糖酶：在谷物类饲料中存在的 NSP 可通过添加相应的酶制剂来解决。小麦、黑麦和小黑麦中含有较大量的水溶性阿拉伯木聚糖，大麦和燕麦中主要含有水溶性 β-葡聚糖。通过在饲料中添加外源性的 β-葡聚糖酶和阿拉伯木聚糖酶，可水解相应的 NSP，减轻这些 NSP 对动物生产的负效应和动物排泄物对环境的污染。一些饼粕类饲料中的果胶含量较高，应用果胶酶则可明显降低其负面作用，提高饲料的利用率。

由于酶对底物选择的专一性，其应用效果与饲料组分、动物消化生理特点等有密切关系，故使用酶制剂应根据特定的饲料和特定的畜种及其年龄阶段而定。

中草药制剂：中草药兼有营养和药用两种属性。其营养属性主要是为动物提供一定的营养素。药用功能主要是调节动物机体的代谢机能，健脾健胃，增强机体的免疫力。中草药还具有抑菌杀菌功能，可促进动物的生长，提高饲料的利用率。中草药中有效成分绝大多数呈有机态，如寡糖、多糖、生物碱、多酚和黄酮等，通过动物机体消化吸收再分布，病原菌和寄生虫不易对其产生抗药性，动物机体内无药物残留，可长时间连续使用，无须停药期。据研究报道，目前可开发和利用作为饲料添加剂的中草药已达 200 多种。由于中草药成分复杂多样，应用中草药作添加剂须根据不同动物的不同生长阶段特点，科学设计配方；确定、提取与浓缩有效成分，提高添加剂的效果；对有毒性的中药成分，应通过安全试验，充分证明其安全有效。

第三节　驴的饲养管理

驴的饲养管理是保证驴的健康和正常的生长发育，发挥其生产性能，提高繁殖力，以及改进驴的品质和培育优良后代的重要措施。

科学的饲养管理，应根据驴的营养需要和消化特点，并按照驴的生理机能活动要求等，满足其不同生长发育阶段的营养需求，并给予良好的环境条件，保证其最大限度的发挥生产潜力。

一、肉驴饲养管理的一般原则

根据驴的不同生长发育阶段消化生理特点，结合生产实践，肉驴的饲养管理应遵循以下原则。

1. 按驴的不同生长发育阶段、用途和个体大小分槽定位

为了保证驴健康生长发育和合理利用，饲养时应按驴的不同性别、不同年龄、个体大小、采食快慢、个体性情、不同种用时期以及育肥时期不同等分槽定位，保证每头驴都能采食到足够的饲料。临产母驴、种公驴和当年幼驴要用单槽，哺乳母驴槽位要宽些，便于驴驹吃乳和休息。

2. 定时定量，细心喂养

按季节的不同，生产的需要和驴的生理状态确定饲喂次数、时间和喂量。冬季寒冷夜长，可分早、午晚、夜喂 4 次。春、夏季节可增加到 5 次，秋季天气凉爽，可减少到每天 3 次。驴易饱易饥，每天饲喂的时间、数量都应固定，这样能使驴建立正常的条件反射，防止忽早忽晚、忽多忽少和时饥时饱采食过量或不足，都有损其健康和生产性能的发挥。

驴每日饲喂时间不应少于 9~10 个小时，夜间补饲前半夜以草为主，后半夜加喂精料，饲喂量要按照日采食量和饲喂次数合理分配。

3. 槽细喂，少给勤添

根据定位的槽内饲料采食情况，确定饲喂量，喂驴的草要铡短，喂前要筛去尘土，挑出长草，拣出杂物。每次给草料不要过多，少给勤添，使槽内既不剩草也不空槽。这样可促进驴消化液分泌和增强食欲。一次投量过多，草易被驴拱湿

发软，带有异味。

4. 先草后料，先干后湿

饲喂时掌握先喂草，后喂料，先喂干草，后拌湿草的原则。拌草用水不宜过多，使草粘住料即可。开始先喂干草 1~2 次，然后加水入槽，洒上精料，搅拌均匀，做到"有料无料，四角拌到"，精料应由少到多，逐渐减草加料。

5. 适时饮水，慢饮而充足

应根据饲料的种类、气候等给驴供应充足的饮水。切忌喂料中间或吃饱之后，立即大量饮水，因为这样会冲乱胃内分层消化饲料的状态，影响胃的消化。驴的饮水通常是先喂后饮。使役后不能立即饮冷水，容易引发腹痛，也不能过急过猛饮水，过急易发生呛肺。使役后，可先少饮、慢饮一次，切忌暴饮，然后再喂草料。饲喂中可通过拌草补充水分。待吃饱后过一些时间或至下槽干活前，再使其饮足。驴的饮水要清洁、新鲜，冬季饮水温度要保持 8~10℃，切忌饮冰碴水，以防造成胃肠道疾病，或妊娠母驴流产。

6. 饲养管理程序和饲草种类不能骤变

如需要改变饲养管理程序和草料种类，要逐渐进行，以防止因短期内不习惯使消化机能紊乱。如骤然投以大量青草或豆科饲料，驴则可能发生拉稀或便秘，重则发生胃扩张或腹痛。在青草充足的季节，凡有条件的地方，应尽量放牧。

二、日常管理

舍饲驴多半时间是在圈舍内度过的，圈舍的通风、保暖和卫生状况，对它们的生长发育和健康影响很大。因此，要做好圈舍和驴体的日常管理工作。

1. 圈舍管理

圈舍应建在背风向阳处，或设在人住所的一边，内部应宽敞、明亮，通风干燥，保持冬暖夏凉，槽高圈平。要做到勤打扫、勤垫圈，夏天每日至少清除粪便 2 次，并及时垫圈，保持过道和厩床干燥。卷内空气新鲜、无异味。每次饲喂后，要清扫饲槽，除去残留饲料，防止发酵变酸，产生不良气味，有碍驴的食欲。

2. 刷拭驴体

每天 2 次用扫帚或铁刷刷拭驴体，可清除驴体污物和寄生虫，同时可促进皮肤血液循环，增强物质代谢，有利于消除疲劳。通过刷拭，还可以发现外伤，增强人驴亲和，防止驴养成怪癖。刷拭应按由前往后，由上到下的顺序进行。

3. 蹄的护理

经常保持蹄的清洁和有适当的湿度。这就要求厩床平坦、干燥。其次是正确修蹄，每1.5~2个月可修削1次。役用驴还需要钉掌。良好的蹄形可提高驴的生产性能和使用年限。

通过蹄的护理，可以发现蹄病。常见的蹄病有白线裂和蹄叉腐烂，民间称前者为"内漏"，后者称为"外漏"。治疗这两种蹄病时，都是先除去蹄底腐烂杂物，削去腐烂部分。对白裂线可填上烟丝，对蹄叉腐烂可涂以碘酊和填塞松节油布条，然后盖上一块和蹄一样大小的铁片，置于蹄在铁片内钉上，不使泥土脏物进入，很快即可痊愈。

4. 适当运动

运动是重要的日常工作，它可促进代谢，增强驴体体质。尤其是种公驴，适当的运动可提高精液品质，也可使母驴顺产和避免产前不吃、妊娠浮肿等。运动的量以驴体微微出汗为宜。驴驹若拴系过早，不利于它的生长发育，应让其自由活动为好。

5. 定期健康检查

每年都应组织至少2次的驴体健康检查，及时发现疾病，及时给予治疗。如有胃蝇、蛔虫等寄生虫时，应及时驱虫。

三、驴驹的饲养管理与早期断奶技术

1. 驴驹的饲养管理

（1）驴驹的生长发育规律。驴驹出生体高约是成年体高的1/2，体重占成年体重的1/10。通常哺乳期是6个月，这个时期驴驹生长发育最快，如体高增长接近从出生到成年总体高增长的1/2，体重增长约是出生到成年总增重的1/3。6月龄断奶，从断奶到一岁，生长发育也较快，体高能达到成年体高的90%，此时，体重达到成年体重的60%左右；一岁到两岁之间生长相对缓慢，两岁达到性成熟，此时体高接近成年的95%，体重也达到成年的70%；3岁驴驹的体格基本定型，可以进行配种繁殖，投入使役，此时体高约为成年体高的96%，体重接近成年体重的77%。

（2）驴驹的乳期护理。正常驴驹出生后半小时即可自行站立找母驴吃奶，若驴驹不能正常吃奶，管理人员应及时引导其吃上初乳。若母驴乳汁不足或无乳，需要找哺乳期的母驴代哺，如果母驴拒哺，可使用代乳粉对驴驹进行人工哺乳。

在哺乳期，定期检查母驴乳房、草料、饲料、饮水是否卫生，保证褥草温暖、干燥。驹驴刚出生时，身体弱行动不便，需要细心照料，以防发生意外。

（3）培育驴驹注意事项。

①养好妊娠母驴，保证胎儿的正常发育。

②吃足母乳。母驴产后前几天排出的乳汁称为初乳，其中含有大量抗体，可以增强机体的抵抗力。初乳中镁盐也较多，可以软化和促进胎便排出。初乳营养完善，含可以直接吸收的营养物质及维生素A（可预防下痢）。

③早期补饲。对初生驴驹除了按正常的方法饲喂外，通常在15日龄开始训练吃精饲料，将玉米、大麦、燕麦等磨成面，熬成稀粥，加上少许糖诱食。开始每日补喂10~20克，1个月后80~100克，2个月后喂100克，以后逐日增加，9月龄后每日喂精料3.5千克。

④适时断奶，全价饲养。哺乳驴驹断奶及断奶后的第一个越冬期，是驴驹生活条件剧烈变化的时期。若饲养管理不当，营养水平达不到，会导致发育停滞。驴驹一般6月龄断奶，过早会影响驴驹的生长发育，过晚会影响母驴的繁殖。断奶应一次完成，断奶后的驴驹应给予多种优质草料配合的日粮，精料应占1/3，且随着日龄的增加不断增加。

⑤加强驯致和调教。驯致是通过不断接触驴驹而影响驴驹的性情，建立人和驴的感情，是调教工作的基础。驯致从驴驹的哺乳期开始，包括轻声呼唤、轻抚驴驹、用刷子刷拭、以食物诱惑，以促进其练习举肢、扣蹄、戴笼头、拴系和牵行等。

调教是促进是驴驹的生长发育、锻炼、加强体质以及提高其生产性能的主要措施。用作产肉用途的驴驹不必进行调教。

⑥防止早配早使役。在农村早使役早配现象普遍存在。虽得到短暂的好处，但却以付出影响发育和经济方面为代价。正确的做法是母驴配种不应早于两岁

半，正式使役不应早于 3 岁，公驴配种可从 3 岁开始，五岁以前使役、配种都应适量。

2. 驴驹早期断奶技术

哺乳期驴驹指初生到断奶的驴驹，驴驹的早期断奶是在传统 6 月龄断奶的基础上，将哺乳期缩短。既保证母驴的下一次配种，又能锻炼驴驹独立生活的能力。

我国驴业发展处于起步阶段，相关研究不多，研究水平远不及牛、羊等其他草食动物。早期断奶饲喂代乳粉可以使驴驹更全面的摄取营养物质，从而促进其生长发育，也为后期大量采食粗饲料打下基础。

驴胃容积较小，食物由胃转移到肠道的速度较快，因此，驴驹代乳粉的成分要求疏松、易消化、便于转移且不易在胃内黏结。驴的肠道容积大，营养物质吸收主要是在肠道进行。驴的唾液腺比较发达，1 千克草料可由 4 千克的唾液泡软消化。驴无胆囊，胆汁较少，对相关营养物质的消化吸收能力较差，尤其是脂肪。驴的肠道直径粗细极不均匀，如回盲口、盲结口和结肠起始部较细，在饲养不当、饮水不足和气候突变等情况下，极易引起肠道梗死，发生便秘。因此，应根据驴的肠道消化特点，借鉴驴驹早期断奶技术的成果开展代乳品的研究。此外，驴与马均为马属动物，二者的消化生理特点相似，在马驹开展的代乳品饲喂效果评价试验可为驴驹代乳品饲喂效果的研究以及驴驹代乳品的研究开发提供一定的参考。

驴驹可以在出生后 30 天左右断母乳，饲喂驴驹专用代乳品，代乳品用量每天 300 克分 3 次，逐渐提高到 600 克，同时应给驴驹供给开食料，即全由精料组成的粉料或颗粒料。驴驹饲喂代乳品的具体操作方法如下。

（1）冲泡水温。使用沸水冷却至 50~60℃冲泡代乳粉。

（2）饲喂温度。冲泡后搅拌均匀冷却至 38℃±2℃进行饲喂。

（3）冲泡比例。30~60 日龄代乳品与水的比例为 1∶6，60~90 日龄冲泡比例为 1∶7。

（4）消毒。每次饲喂后奶瓶及奶嘴清洗干净并用开水浸泡消毒。

（5）饲喂后处理。每次饲喂代乳粉后用干净的湿毛巾擦净驴驹嘴周。驴驹自由饮水，冬天饲喂温开水。

四、青年驴的饲养管理技术

(一) 青年驴的培育

驴驹断奶到体成熟 (约3岁) 的发育期为青年期。驴驹一般在6~7月龄时断奶，断奶后驴驹开始独立生活，第一周实行圈养，每天补4次草料，每天可喂混合精料1.5~3千克，干草4~8千克。饮水要充足，有条件的可以放牧。

断奶后很快进入冬季，天气寒冷，会给驴驹的生长带来很大的影响。此阶段要加强护理，精心饲养，饲料要多样化，粗料要用品质优良的青贮或优质干草。为了安全越冬，应抓好驴驹的秋季管理，长好秋膘。

管理上必须为驴驹随时供应清洁饮水；加强刷拭和护蹄工作，每月削蹄一次，以保持正常的蹄形和肢势；加强运动，运动时间和强度要在较长时间里保持稳定，运动量不足，驴驹体质虚弱，精神萎靡，影响生长发育。

驴驹一般应在断奶4个月后，将公母分开，对无种用价值的公驴，在育肥开始前应进行去势。开春后和入秋后，各驱虫一次。

1. 加强驯致和调教

包括轻声呼唤、轻抚驴驹、用刷子刷拭，以食物为诱惑，促使其练习举肢、扣蹄、带笼头、拴系和牵行等。

调教是促进驴驹生长发育、锻炼和加强体质、提高其生产性能的主要措施。用于产肉用途的驴可不必调教。

2. 防止早配早使役

早使役影响生长发育，可使使役价值和经济价值造成损失。应该按照驴驹的生长发育规律，母驴配种不要早于2.5岁，正式使役不要早于3岁。公驴配种可从3岁开始，5岁以前使役、配种都应适量。

(二) 青年驴的育肥

1. 幼驴肥育

要想获得好的肉驴育肥效果，必须从幼驴培育开始，日粮以优质精料、干粗料、青贮饲料、糟渣类饲料为主。幼驴培育时应群养，自由采食，自由饮水，圈舍每日清理粪便1~2次，通过防疫注射及时驱除内外寄生虫，采用有顶棚、大敞口的圈舍或采用塑料薄膜暖棚圈养技术。及时分群饲养，保证驴均生长发育，及时变换日粮，对个别贪食的驴限制采食，防止脂肪沉积过度。

2. 阉驴肥育

常用的方法有前粗后精模式和糟渣类饲料育肥模式。

（1）前粗后精模式。前期多喂粗饲料，精料相对集中在育肥后期。这种育肥方式常常在生产中被采用，可以充分发挥驴补偿生产的特点和优势，获得满意的育肥效果。在前粗后精型日粮中，粗饲料的功能是肉驴的主要营养来源之一。因此，要特别重视粗饲料的饲喂。将多种粗饲料和多汁饲料混合饲喂效果较好。前粗后精育肥模式中，前期一般为 150 ~ 180 天，粗饲料占 30% ~ 50%；后期为 8 ~ 9 个月，粗饲料占 20%。

（2）糟渣类饲料育肥模式。糟渣类饲料在鲜重状态下具有含水量高，体表面积大，营养成分含量少，受原辅料变更影响大，不易贮存，适口性好，价格低廉等特点，是城郊肉驴饲养业中粗饲料的一大来源，合理应用，可以大大降低肉驴的生产成本。糟渣类饲料可以占日粮总营养价值的 35% ~ 45%。利用糟渣类饲料饲喂肉驴时应当注意：不宜把糟渣类饲料作为日粮的唯一粗饲料，应和干粗料、青贮料配合；长期使用白酒糟时日粮中应补充维生素 A，每头每日 1 万 ~ 10 万国际单位；糟渣类饲料与其他饲料要搅拌均匀后饲喂；糟渣类饲料应新鲜，若需贮藏，以窖贮效果为好，发霉变质的糟渣类饲料不能用于饲喂。

3. 青年架子驴肥育

青年架子驴的年龄为 1.5 ~ 2.5 岁，其育肥期一般为 5 ~ 7 个月，2.5 岁以前肥育应当结束。对新引进的青年架子驴、因长途运输和应激强烈，体内严重缺水，所以要注意水的补充，投以优质干草，2 周后恢复正常。同时要根据强弱大小分群，注意驱虫和日常管理。除适应期外，青年架子驴肥育期一般分成生长育肥期和成熟育肥期 2 个阶段，这样既节省精料，又能获得理想的育肥效果。

（1）生长肥育期。重点是促进架子驴的骨骼、内脏、肌肉的生长。要饲喂富含蛋白质、矿物质和维生素的优质饲料，使青年驴在保持良好生长发育的同时，消化器官得到锻炼，此阶段能量饲料要限制饲喂。肥育时间为 2 ~ 3 个月。

（2）成熟肥育期。这一阶段的饲养任务主要是改善驴肉品质，增加肌肉纤维间脂肪的沉积量。因此，日粮中粗饲料比例不宜超过 30% ~ 40%；饲料要充分供给以自由采食效果较好。肥育时间为 3 ~ 4 个月。

(三) 育肥驴的饲养管理

育肥驴的选择。①驴驹的选择：选择 6~12 月龄，大型或者中型驴品种为宜。②青年驴的选择：去势公驴或淘汰的后备繁育驴。③架子驴的选择：失去种用、使役等价值，体型匀称、高大的淘汰驴。

饲料。①饲料和饲料原料符合饲料卫生 GB 13078 的规定。②定期对饲料和饲料原料采样和化验，原料和产品标识清楚，保存得当。③使用饲料和饲料添加剂应符合 NY/T 471 的规定。④籽实类饲料贮存时水分≤14%，饲喂前经粉碎或压扁，粗饲料切成 2~5 厘米为宜。⑤毛驴育肥采用秸秆类、牧草类等作为粗饲料，精补料配比见表 4-12。

饲养管理。①饲养管理原则：定时定量，少给勤添，适当加工，先草后料，合理搭配，循序渐进，充分饮水，切忌饮用冰水，保持清洁，注意观察。②饲养人员要求：饲养管理人员要做到"三勤、四净"。"三勤"即饲养员要眼勤、手勤、腿勤；"四净"即草净、料净、水净、槽净。熟悉驴的习性，有耐心，不威胁、恐吓，严禁殴打。③驴驹育肥期以 8~9 个月为宜，青年驴、架子驴以 2~3 个月为宜，育肥期平均日增重 400~700 克。④粗饲料自由采食，精补料按驴平均体重的 1.2%~1.5%饲喂，自由饮水。

表 4-11　饲喂流程

夏季		秋冬季节	
时间	项目	时间	项目
5：20	第 1 次上草	6：20	第 1 次上草
6：00	第一次上料	7：00	第 1 次上料
7：20	放运动场	9：00	放运动场
11：00	入舍，第 2 次上草	11：30	入舍，第 2 次上草
14：30	放运动场	14：30	放运动场
18：00	入舍、第 3 次上草	17：00	入舍、第 3 次上草
18：30	第 2 次上料	17：40	第 2 次上料
21：30	第 4 次上草	20：30	第 4 次上草

疫病防治与卫生消毒：进场 10 天后或育肥前驱虫 1 次，饲养过程中每季驱

虫 1 次。病驴无害化处理参照 GB 16548 的规定。疫病防治及用药参照 NY 5130 的规定。卫生消毒，人员、车辆、圈舍等卫生消毒参照 NY 5128 的规定。

粪污处理：粪污等废弃物无害化、资源化处理参照 GB 18596 的规定。

表 4-12　驴育肥精补料成分配比与营养成分

原料名称	计量单位	配比一	配比二
玉米	%	52.40	55.90
米糠	%	7.00	5.00
小麦麸	%	7.00	15.00
大豆粕	%	28.00	19.00
石粉	%	1.60	1.10
4%前期预混料	%	4.00	—
4%育肥预混料	%	—	4.00
合计	—	100.00	100.00
营养素名称	—	—	—
粗蛋白质	%	19.00	16.00
驴消化能	兆卡/千克	2.8	2.88
钙	%	1.05	0.85
总磷	%	0.75	0.7
食盐	%	1.07	1.07

驴驹育肥前期采用配比一，育肥后期 2~3 个月采用配比二，青年驴、架子驴育肥采用配比二

五、妊娠驴和带驹母驴的饲养管理

1. 空怀母驴的饲养管理

配种前 1~2 个月应增加精料喂量，每头喂精料 1~2 千克/天，分 3 次饲喂，先干后湿，先粗后精，自由饮水。对过肥的母驴，应减少精饲料，增喂优质干草和多汁饲料，加强运动，使母驴保持中等膘情，粗料自由采食。配种前 1 个月，应对空怀母驴进行检查，发现有生殖疾病者要及时进行治疗。

2. 妊娠母驴的饲养管理

母驴的妊娠期较长，驴驹出生时已完成体高的大部分，必须加强母驴在妊娠后期的饲养管理。母驴在受胎的第一个月内，胚胎在子宫内尚处于游离状态，遇到不良刺激，很容易造成流产或胚胎早期死亡，此时，应特别注意避免使役和饲

料应激。妊娠一个月后，可照常使役。在妊娠后的 6 个月期间，胎儿实际增重很慢；从 7 个月后，胎儿增重明显加快，胎儿体重的 80% 是在最后 3 个月内完成的。所以母驴怀孕满 6 个月后，要减轻使役，加强营养，增加蛋白质饲料的喂量，选喂优质粗饲料，以保证胎儿和母驴增重的需要。不使役的母驴每天要进行 2 小时的追逐运动（分上、下午 2 次进行），其余时间除饲喂、刷拭等作业外，应在厩外自由运动。如有放牧条件，尽量放牧饲养，即可加强运动，又可摄取所需各种营养。

妊娠后期，由于缺乏青绿饲料，饲草质劣，如果精料太少，饲料品种单一，加上不使役，不运动，往往导致肝脏机能失调，形成高血脂及脂肪肝，产生的有毒代谢产物排泄不出，出现妊娠中毒，表现为产前不吃，死亡率相当高。为预防此病的发生，在妊娠后期，要按胎儿发育需要的蛋白质、矿物质和维生素适当调配日粮，饲料种类要多样化，补充青绿饲料和多汁饲料，加强运动，减少玉米等含能量高的饲料，喂给易消化、有轻泻作用、质地松软的饲料，预防母驴产后便秘。产前 1 个月停止使役，每天运动应不少于 4 小时。临产前几天，草料总量应减少 1/3，多饮温水，每天牵遛运动。

整个妊娠期间管理要点是注意保胎，防流产。母驴的早期流产多因饲养管理不当，而后期多因冬春寒冷、吃霜草、饮冰水、受机械性损伤、吃发霉变质饲料等容易引起流产。产前 1 个月，更要注意保护和观察。体型小的母驴，骨盆腔也小，在怀驴驹的情况下，更易发生难产，故需兽医助产。

3. 哺乳母驴的饲养管理

驴的哺乳期一般为 6~8 个月，刚出生的幼驴可通过采食初乳以获得母体免疫，因为初乳富含蛋白质（尤其是免疫球蛋白）、干物质和维生素 A，这些营养素对驴驹适应出生时的外部环境非常重要。因此，要使驴驹健康成长，就必须做好哺乳母驴的饲养管理工作。在哺乳期，饲料中应有充足的蛋白质、维生素和矿物质，且要选择优良的饲粮原料。因为，饲粮蛋白质的质量影响母乳蛋白质的含量。当饲粮的纤维增加和能量含量不足时，会增加母乳的脂肪和蛋白质含量，但会降低产乳量。当在繁殖母驴饲粮中添加 5% 的动物脂肪时，可使其在妊娠期消耗更少的饲粮，其乳具有更高的脂肪含量，且哺乳的驴驹的生长速率有高于未添加脂肪饲粮所哺育的幼驴的趋势。混合精料中蛋白质类日粮应占 20%~30%，麦麸类占15%~20%，其他为谷物类饲料。为了提高泌乳力，应当多补饲青绿多汁饲料，如胡萝卜、饲用甜菜、土豆或青贮饲料等。有放养条件的应尽量利用，这样既能节省精料，又对母驴泌乳量的提高和驴驹的生长发育有很大作用。另外，应根据母驴的营养状况、泌乳量的多少酌情增加精饲料量。哺乳母驴需水量很大，每天饮水不应少于5次，要饮好饮足。

在管理上，要注意让母驴尽快恢复体力。产后10天左右，应当注意观察母驴的发情，以便及时配种。出生至2月龄的幼驴，每隔30~60分钟哺乳一次，每次1~2分钟，以后可适当减少吮乳次数。繁殖上，要抓住第一个发情期的配种工作，否则受哺乳影响，发情不好，母驴不易配上。

六、育肥驴的全混合日粮（TMR）的使用技术

全混合日粮（Total Mixed Rations，TMR）是根据动物的粗蛋白质、能量、粗纤维、矿物质和维生素等营养需要，把粉碎到一定程度的粗料、精料和各种添加剂进行充分混合而获得的营养均衡的混合饲粮。

目前这种成熟的饲喂技术，在奶牛上应用最为普遍，在肉驴养殖业中，随着科学化、规模化、集约化养殖场的不断涌现，这种饲喂方式，正在逐渐普及。

1. TMR日粮的优点

（1）易于控制精粗饲料的饲喂量和饲喂水平，增加动物的干物质采食量（DMI）。

（2）改善饲料的适口性，扩大饲料来源，简化饲料的配制程序。

（3）便于科学化、规模化、集约化的生产。

（4）各原料的科学搭配，提供了更加丰富的营养物质，增加了肠道微生物菌群的种类和数量，有利于胃肠道的健康，增加饲料的消化率。

（5）减少养殖业的劳动支出，增加养殖效益等。

2. 育肥驴的全混合日粮（TMR）的使用技术

（1）按营养需要配制日粮。驴的TMR全混合日粮要根据驴的不同的发育阶段、生理状态和生产水平下的营养需求，进行科学的设计日粮配方，必须以饲养标准为依据，以当地的饲料资源为依托，合理配制日粮。

在设计日粮配方时，应考虑各养分间的平衡性和不同饲料原料间消化率的差

异性。按饲养标准，首先满足能量与蛋白质的需求，其他成分可后作为补充。有条件的厂区饲料原料要进行常规营养成分的测定，用以更加有针对性地去设计日粮配方。因为驴是单胃草食动物，对粗纤维的利用相对反刍动物要低，且驴对纤维素的利用率与纤维的质地和含量有密切关系。所以，应选择纤维含量低，质地柔软的饲草作为粗饲料，如苜蓿干草、干黑麦草等。

（2）饲料原料的选择。饲料原料应选择新鲜、无霉变和质量有保证的日粮。使用含有毒素和抗营养因素的饲粮时，应预先进行脱毒或控制使用量。对一些能在动物体内残留的饲料添加剂，应严格按照相关规定使用。在选择饲料原料时，既要考虑经济性，又要考虑适口性，饲粮的适口性好，可以保证驴的采食量。当加入一些适口性较差、有异味的饲粮时，可以加入一定量的调味剂以提高其适口性。

（3）日粮的制作工艺。投料顺序为干草→精料→辅料→（青贮、湿糟类等），总之，一般按照先粗后精，先干后湿，先轻后重，先长后短的原则来添加原料。边投边搅拌，一般在最后一种饲料加入后 5~8 分钟即可。水分一般都控制在35%~45%，混合好的日粮应精粗饲料混合均匀，松散不分离，新鲜无异味，不结块。

（4）日常管理。要确保驴采食新鲜、适口和平衡的 TMR 日粮，提高平均日增重，日常管理要根据加工方法，注意控制投料速度、次数、数量等，仔细观察驴采食情况。

①投喂方法。牵引或自走式 TMR 机使用专用机械设备自动投喂。固定式 TMR 混合机需将加工好日粮人工进行投喂，但应尽量减少转运次数。

②投料速度。使用全混合日粮车投料，车速要限制在 20 千米/小时，控制放料速度，保证整个饲槽饲料投放均匀。

③投料次数。要确保饲料新鲜，一般每天投料 3~4 次。

④投料数量。每次投料前应保证有 3%~5% 的剩料量，防止剩料过多或缺料。

⑤注意观察。料槽中 TMR 日粮不应分层，料底外观和组成应与采食前相近，发热发霉的剩料应及时清出，并给予补饲。采食完饲料后，应及时将食槽清理干净，并给予充足、清洁的饮水。

第四节　规模化育肥驴场建设

近年来，随着驴养殖业的迅速发展，集约化舍饲成了现代养驴新趋势，合理的驴舍建设就成了头等大事。根据山东省聊城市扶贫驴场的改进完善，进行了系统总结，形成了一些关键技术，供大家参考。

1. 合理建设驴场的意义

标准化的驴舍建设既充分利用土地，又减少基础设施的投入；既便于生产操作（节省人力物力提高生产效率），又防止了疾病的传播（防治交叉感染）；既保证了驴的福利养殖，又提高了生产性能；提前规划完善环境保护，所以是驴养殖业健康高效发展的前提。

2. 驴场建设地址的选择

（1）建设用地应符合当地村镇建设发展规划和土地利用发展规划的要求。土壤符合 GB 15618 规定污染物的最高允许浓度指标值及相应的监测方法。

（2）场址选择符合 GB 19525.2 评价标准，新建、改建、扩建畜禽场环境质量评价的程序、方法、内容及要求，并利用该标准进行畜禽场的环境质量和环境影响开展评价工作

（3）场区参照 NY/T 682 畜禽场场区设计技术规范的要求进行选址。应符合本地区农牧业生产发展总体规划、土地利用发展规划、城乡建设发展规划和环境保护规划的要求；新建场址周围应具备就地无害化处理粪尿、污水的足够场地和排污条件，并通过畜禽场建设环境影响评价；选择场址应遵守十分珍惜和合理利用土地的原则，不应占用基本农田，尽量利用荒地建场。分期建设时，选址应按总体规划需要一次完成，土地随用随征，预留远期工程建设用地。

（4）驴场地址的选择还要符合《动物防疫条件审核管理办法》的要求，距铁路、高速公路、交通干线不小于 1 000 米；距离生活饮用水源地、动物屠宰加工场所、动物和动物产品集贸市场、一般道路 500 米以上；距离种畜禽场 1 000 米以上；距离动物诊疗场所 2 000 米以上；动物饲养场之间距离不少于 500 米；距离动物隔离场所、无害化处理场所、居民区 3 000 米以上；距离城镇居民区、文化教育科研等人口集中区域及公路、铁路等主要交通干线 500 米以上。

（5）场址应水源充足，水质应符合 NY 5027 和 GB 5749 要求，备有水贮存设施或配套饮水设备，且取用方便。

（6）场址选择地势高、干燥、背风向阳、空气流通、土质坚实、地下水位低，具有缓坡的北高南低平坦地方；尽量选择在水、电、路均通、邻近饲草料生产基地的地方，以方便饲养管理，并节省生产成本。

3. 场区的规划布局

（1）场区规划原则。建筑紧凑、节约土地，布局合理、方便生产，在满足当前生产需要的同时，还应该考虑未来改造和扩建的需要。

（2）育肥驴场总体布局。参照 NY/T 682《畜禽场场区设计技术规范》及 NY/T 1167《畜禽场环境质量及卫生控制规范》的要求进行合理布局。

（3）在所选定地址上，根据饲养规模大小进行功能区域划分，达到布局合理。驴舍按照节约用地的原则，利用地形地势解决挡风防寒、通风防热、采光等问题，尽量利用原有道路、供水、供电线路以及原有建筑物，以减少投资、降低成本、提高生产效率。

4. 养殖规模

育肥驴场的建设应综合考虑资源、资金、技术经济合理性和管理水平等因素，在市场调研和充分论证的基础上，确定目标市场。

5. 建筑设施要求（表 4-13）

（1）驴舍型式。分为敞开式、窗半敞开式和封闭驴舍三种类型，每种类型又有单排和双排两种形式。

（2）驴舍建设结构。通常采用砖混结构或轻钢彩瓦结构，宽敞明亮，坚固耐用，排水畅通，地面和墙面材质耐酸、碱，便于清洗消毒。

（3）驴舍朝向。驴舍应满足日照、通风、防火、防疫的基本要求，南北朝向，向阳或向阴角度不应超过 15°。

（4）驴舍建设详细参数。建筑面积 3~4 平方米/头；食槽占位宽度：0.8 米/头以上；宽度要求：单列式驴舍跨度 7 米以上、双列式驴舍跨度 12 米以上；驴舍长度要求：60~80 米；驴床宽度：3~3.5 米。

（5）驴舍地面与水料槽。驴床地面应不打滑、不积污水、粪尿易于排出舍外；双排驴舍内中间地面垫 3.5~4 米宽、0.4~0.5 米高通道，通道两侧预留

0.3~0.4 米宽、0.15 米深与地面平齐的弧形结构作为料槽;单排驴舍一侧地面垫 3~4 米宽、0.4~0.5 米高通道,驴床侧预留 0.3~0.4 米宽、0.15 米深与内地面平齐的弧形结构作为料槽。

水槽置于驴舍一侧,冬季水槽安装自动加温装置。

(6)驴舍墙壁。驴舍脊高 3.5 米,前后檐高 2.5 米,最低处不得低于 2 米;高 1.24 米砖混围墙,一般为 0.24 米厚,高寒地区可以 0.37 米厚,甚至加保温层。

(7)驴舍房顶。采用双坡或单坡式,钢架彩钢顶结构。高寒区房顶要加厚或加保温层。

(8)运动场。

①运动场为驴舍面积的 2.5 倍以上;按 50~100 头的规模用围栏分割。

②运动场地面以三合土或砂质为宜,铺平、夯实,中央高,四周呈 15°坡度,围栏外一面挖明沟排水。

③运动场边设饮水槽,加盖防雨罩。

④围栏高 1.4~1.5 米,距离地面 0.5 米和 1.0 米处各设置中间隔栏。

(9)装卸驴台。宽 3 米,高 1.3 米,底长 5 米;坡面用石粉、石灰、土压实。

6. 配套设施

(1)电力负荷为民用建筑供电等级二级,并自备发电机组;自备电源的供电容量不低于全场电力负荷的 1/40。

(2)道路畅通,与场外运输线路连接的主干道宽度 5 米以上。通往驴舍、草料棚及贮粪池等的运输支干道宽度 3 米以上。

(3)兽医室须有单独道路,不得与其他道路混用。

(4)尾对尾式中间为清粪通道,两边各有一条饲料通道;头对头式中间为饲料通道,两边各有一条清粪通道。

(5)场区四周设围墙,分区用绿化隔离带。

(6)驴场消防设施符合 GB J 39 的规定要求。

(7)饲料库和草棚的建设应符合保证生产、合理贮备的原则;饲料库应满足贮存 1~2 个月需要量;饲料库设防鼠防鸟装置;草棚应满足贮存 3~6 个月需要量；饲料符合 GB 13078 卫生要求。

（8）粪便处理设施排放符合 GB 18596 规定。

（9）入场及入舍消毒操作参照 GB/T 16567 规定设置。

（10）病死驴采用的深埋或焚烧等处理方式符合 GB 16548 规定要求。

7. 驴场绿化

（1）驴场周边种植乔木、灌木绿化林带。

（2）驴场内生活区、管理区、生产区、无害化处理区等设置隔离林带，不能选择有毒、有刺、飞絮等树种。运动场设遮阳林，选择枝叶开阔、生长势强、冬季落叶后枝条稀少的树种。

表 4-13　存栏 200 头育肥驴场建设

项目	内容
生活及配套	干草料棚：尺寸长 20 米×宽 6 米×高 4 米，钢结构彩钢瓦顶，最高处 5 米，相邻干草棚之间用铁丝网间隔开，10 厘米厚 C20 商混，10 厘米立柱，外侧全封闭彩钢瓦，大门为高 3 米×宽 3 米手动卷帘门。
	宿舍：10 厘米厚夹层，保温彩钢瓦 5 米×10 米，间隔成两间，2 个 0.9 米普通门，普通窗户 3 个，尺寸 1.2 米×0.9 米，地面铺 3 厘米厚水泥砂浆。
	厕所：单层钢构结构，长 4 米×宽 3 米，男女两个，中间隔开
圈舍	①长 60 米×宽 17 米，对列式养殖。间隔 5 米一根 30 毫米离地 1.2 米水泥柱；四周 2 层钢管或圆管护栏，第一层距离地面 0.5 米，第二层距离地面 1.0 米。 ②圈舍内地面垫高 0.4~0.5 米，宽 4 米，两侧预留 0.3~0.4 米宽，以圆周形设计低端 0.15 米，高端和内地面平齐的弧形结构作为料槽。 ③料槽外侧 1.1 米高护栏 1 层，焊接在支撑棚架的立柱上，中间夹缝作为采食通道。 ④对列式采食南北两侧驴床宽度 3~3.5 米，连同中间 4 米宽内地面，合计 12~14 米跨度，用简易钢架彩钢顶结构，两侧高 2.5 米，中间高 3.5 米，南北两侧东西方向间隔 5 米设置 20 厘米粗圆形立柱，立柱支撑钢管框架结构，"H"形钢 200 毫米×100 毫米，间隔 5 米。 ⑤每栋驴舍驴床一侧或两侧分别设置饮水槽 1.5 米
场区道路	其他：主道路宽 6 米，中间铺设 5 米水泥路面，两侧各留 0.5 米，下挖 0.5 米找平，上覆水泥板，用作排水沟；两侧铺设 3 米水泥路面，预留 0.5 米排水沟（同上处理）；门口及草料库北侧以水泥路铺设
电力供应	配电室采用箱式配电室

注：本模式适用于新建养殖场或现有养殖场改造后规模化养殖

第五章　物联网驴智慧养殖技术

第一节　系统构成

驴养殖场云平台系统由活动量发情监测系统（Ubiquitous Donkey Detect Device，UDDD）、TMR 饲喂监控系统、THCS 环境监测系统、UWCS 称重系统四部分组成。通过监测驴的活动量、采食时间、休息时间、采食量、圈舍环境、体重等信息，分析判断能繁母驴的发情情况、健康情况，以及肉驴的采食情况、体重信息，并以图表、报表等形式展示出来，为驴的精准化健康养殖提供数据支持。

第二节　活动量发情监测系统

活动量发情监测系统通过硬件采集设备，将采集到的驴的活动、进食、休息等数据发送到驴养殖云平台。云平台对数据进行解析计算，监测出能繁母驴的发情情况，提高了能繁母驴的配种率。通过分析还能够给出驴的健康情况报告，可为牧场的管理提供方便。能繁母驴的活动量提高是判断发情的一个条件，而育肥期的肉驴，既要保证驴的健康，又要控制其活动量，达到育肥的目的，通过系统监测不同驴群的活动量信息就显得尤为重要。

驴发情的主要表现为活动量的增加，食欲减少，休息减少，系统根据硬件设备采集的活动量、采食时间、休息量三者的变化规律，三者相结合来判断发情情况。从而提高发情判断的准确性和能繁母驴的配种率。同时将活动量、进食时间、休息量数据等信息以曲线的形式更加直观的展现出来。

1. 采集设备的佩戴及绑定

驴正确佩戴 UDDD 设备，并在系统中输入驴和采集设备信息，在系统中找到驴佩戴采集设备的设备编号，与佩戴设备驴编号进行绑定。设备便会把驴的活动量、采食时间和休息变化等数据进行采集后发送到驴养殖云平台（图 5-1）。

图 5-1　佩戴 UDDD 的驴

2. 驴发情监测及分析

系统将收到的活动量数据、采食时间数据、休息时间数据进行解析计算，绘制出活动量曲线，采食时间的曲线图，休息时间的曲线图。并通过对活动量和休息量的分析，推送出发情数据。通过活动量和休息量曲线，可以看到发情驴的活动量在某段时间内明显上升，休息时间明显下降。同样可以看到，部分驴的活动量在某一段时间内也是上升，但休息时间没有下降反而有上升，那么这种类型视为疑似发情或者是不发情，系统便不会推送发情数据，从而提高发情判断的准确性，提高能繁母驴的配种率（图 5-2，图 5-3）。

3. 健康情况监测

异常预警功能，通过采集器采集到的数据来监测到驴异常活动，能够及时发现跛足等疾病。能繁母驴和肉驴的采食量是不同的，能繁母驴的采食量不能呈一直上升趋势，要适当控制体重，达到健康繁殖的目的。肉驴养殖中的个体分槽定

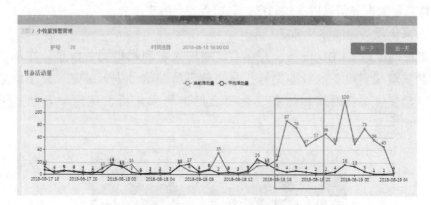

图 5-2　发情驴活动量曲线图

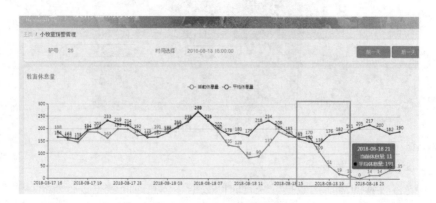

图 5-3　发情驴休息量曲线图

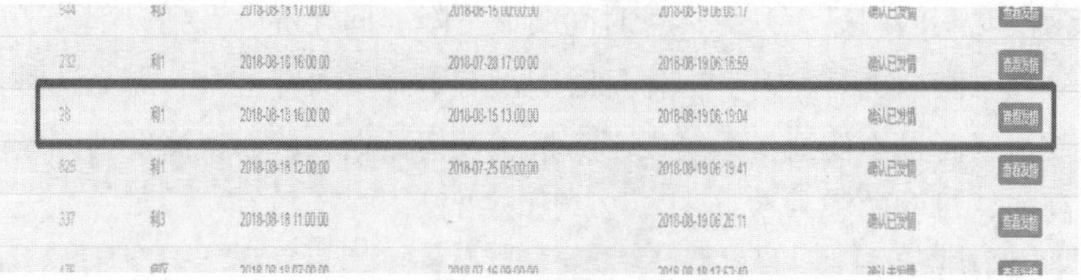

图 5-4　用户检测结果

位饲养和育肥期的活动量限制等都可通过系统中的采食时间和活动量数据进行分

析。同时，活动量、采食时间、休息量等数据还能监测出能繁母驴和肉驴的健康情况，为营养师修改饲料配方、兽医给驴看病，提供数据支持（图 5-4，图 5-5）。

异常预警列表　导出

全选	牛号	设备编号	牛舍	预警时间	异常原因	处理时间	处理方法	备注	操作
	3425	863703035254338	A group	2018-08-20 08:00:00				通讯类异常	处理
	4198	863703035253504	A group	2018-08-20 06:00:00				通讯类异常	处理
	3338	863703035256101	A group	2018-08-20 03:00:00				通讯类异常	处理
	3425	863703035254338	A group	2018-08-19 19:00:00				通讯类异常	处理
	3338	863703035256101	A group	2018-08-19 14:00:00				通讯类异常	处理
	1323	863703035253165	A group	2018-08-19 13:00:00				通讯类异常	处理
	1378	863703035253454	A group	2018-08-19 06:00:00				跛脚异常试运行	处理
	1393	863703035254452	A group	2018-08-19 06:00:00				跛脚异常试运行	处理

图 5-5　异常预警信息

第三节　TMR 饲喂监控系统

TMR 饲喂监控系统（Total Mixed Rations，TMR）可以通过信息化手段掌握驴的饲喂情况，通过系统的智能分析回传饲喂结果。根据饲喂结果结合活动量、休息量，调整并选择能繁母驴和肉驴不同驴群的最佳饲喂配方和饲喂量，实现驴养殖的精准化饲喂。饲喂的合理化与能繁母驴和肉驴健康状况息息相关，驴发情或有不适，进食量都会减少，TMR 系统的饲喂回传结果和 UDDD 系统的活动量数据都可以将这些信息体现出来，方便牧场人员尽早发现驴健康问题。

在正常育肥期，肉驴的饲料采食量是有规律的，即绝对采食量，随着增重而下降，如下降量达正常量的 1/3 或更少则可结束育肥。饲料种类的不同，会直接影响到驴肉的品质，饲喂的调控，是提高肉产量和品质的最重要的手段。在不影响驴的健康和消化的前提下，短期内给予的营养物质越多，则所获得的日增重就越高，每千克增重所消耗的饲料就越少，出栏提高，效益提高。驴在育肥期的营养状况，对产肉量和肉质影响很大，只有育肥度很好的驴，其产肉量与肉品质才是好的。饲料种类对肉的色泽、味道也有重要影响。TMR 饲喂监控系统和称重系统为其提供了数据支持，使驴养殖数据化、科学化。

TMR 饲喂监控系统实时自动记录驴 TMR 搅拌车配料和投料全饲喂过程。它能够实时记录 TMR 车装载饲料的种类和重量信息，能够实时记录 TMR 车在每个驴舍的投料量信息，便于分析各个驴群的实际采食量变化情况，从而指导和监管驴的饲喂全过程，根据各个配方最后显示的结果，选择各种类型的驴最佳配方，进行科学饲喂。下面以两个不同的配方的分析结果为例。

A 配方：a 为 10%，b 为 60%，c 为 30%。

B 配方：a 为 15%，b 为 50%，c 为 35%。

根据图 TMR1.0（图 5-6）和图 TMR2.0（图 5-7）是两个配方的时间和采食时间图。A 配方和 B 配方两种配方，随着日期的增加，驴的采食时间：A 配方是逐渐趋于平稳并保持在一个较高水平，也就是说驴的采食很稳定。但是 B 配方，随着日期的增长，驴的采食时间逐渐下降，这会极大地影响驴的身体健康，因为它吃的越来越少影响的就是它的体重和身体健康。所以综合两种配方的数据图，可以选择最佳的配方 A 来饲喂驴。

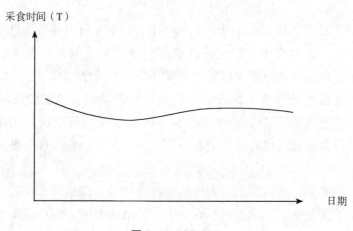

图 5-6 TMR1.0

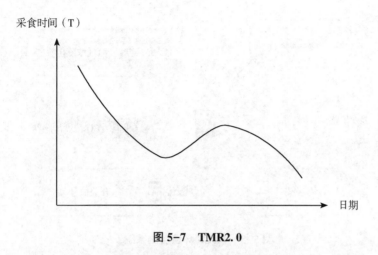

图 5-7 TMR2.0

第四节 THCS 环境监测系统

驴舍的环境卫生是驴养殖中非常重要的一环，能繁母驴和肉驴的圈舍温湿度要求是不同的，能繁母驴的圈舍要温湿度适宜，更利于驴生长、繁育；对于肉驴来说，特别是育肥期的肉驴，圈舍要保持干燥，环境温湿度的控制就显得非常重要。环境温度对育肥驴的营养需要和日增重影响较大。驴在低温环境中，为了抵御寒冷，需增加产热量以维持体温，使相对多的营养物质通过代谢热转化为热能而散失，饲料利用率下降。当在高温环境中时，驴的呼吸次数增加，采食量减少，温度过高会导致停食，特别是育肥期后期的驴膘较肥，高温危害更为严重。THCS 环境监测系统（temperature humidity collect system，THCS）通过温湿度、光照、氨气、CO_2 浓度的监测，结合 UDDD 系统中的活动量和采食时间，以及 TMR 系统返回的饲喂结果，调整出不同驴群种类的最佳的温湿度（图 5-8）。

THCS 系统采用优质高精度传感器，对驴的主要活动场所和饲料储存地的温湿度、光照、氨气、CO_2 浓度等进行测定，通过无线通讯技术实时向云端管理系统上传环境数据。云端管理系统通过数据分析对驴棚内的风机，喷淋系统，卷帘门，水泵等设备的运行进行自动化控制，不仅保证了驴健康、而且对驴肉品质的

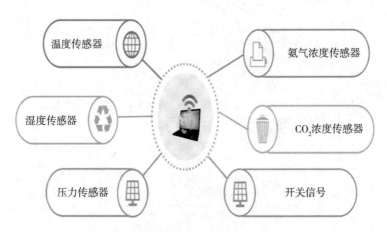

图 5-8　THCS 环境监测系统

提升和稳定具有积极的意义。

根据驴的适应温湿度，用户自动调整其圈舍的温度和湿度，保证驴的采食和体重的稳步增长；相反可以根据驴的采食时间和体重情况变化，找到驴的最适应温湿度，在最适应温湿度下，驴的采食时间和体重关系和其身体状况能达到一个正相关的规律。根据肉驴和能繁母驴的生活习性，设置不同的温湿度，以保证肉驴能够稳步增长体重，能繁母驴能够控制其体重达到培育最大化的效果。

1. 圈舍光照、温度、湿度变化曲线

图 5-9 光照强度变化曲线中，设备 1 到设备 6 是指一个集中器中的 6 个传感器，传感器可以接出到圈舍的各个地方，采集不同的光照强度，通过网络传输到系统平台。

图 5-10 圈舍温度变化曲线中，设备 1 到设备 12 是指一个集中器中的 12 个继电器，继电器可以是风扇，可以是喷淋。由一个集中器管理打开与关闭。可以手动控制也可以自动控制继电器的开关。

图 5-11 圈舍湿度变化曲线中，设备 1 到设备 12 是指一个集中器中的 12 个继电器，继电器可以是风扇，可以是喷淋。由一个集中器管理打开与关闭。可以手动控制也可以自动控制继电器的开关。

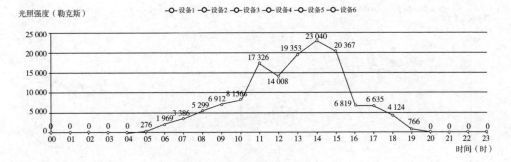

图 5-9　光照强度变化曲线

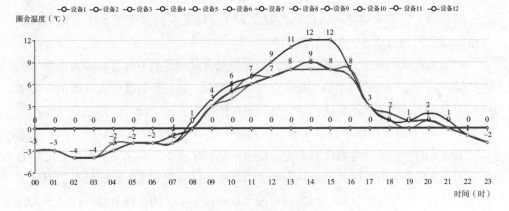

图 5-10　圈舍温度变化曲线

2. 温湿度对采食的影响曲线

首先分析肉驴的采食时间和温度的关系：温度处于很低的状态时毛驴的采食时间也很低，当环境温度慢慢上升时，毛驴的采食时间也随之上升。当温度上升到最佳温度时毛驴的采食时间最大，在这个温度点毛驴的进食量最多，营养补充最多，所以该时间点对于肉驴来说是最佳的饲喂温度 t，把环境温度控制在该温度肉驴的体重会稳步上升，实现肉驴的增长目的。当温度再升高时，毛驴的采食时间又会下降，这种规律也符合日常进食的规律。当天气越热的时候越不想进

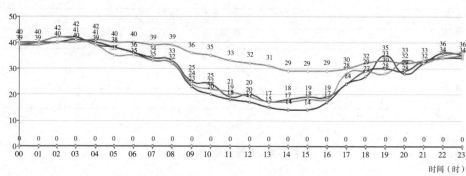

图 5-11　圈舍湿度变化曲线

食。所以对于肉驴来讲把环境温度控制在采食时间最大的温度点上才会提高肉驴养殖的最大利益（图 5-10，图 5-11）。

　　对于能繁母驴来讲，每天让它保持最大的采食时间显然不合适。因为能繁母驴需要保证它每天一定的活动量，保证它的身体健康。并且环境温度太高的话，毛驴也会因为环境温度高而不想动，会一直躺卧在原地（东阿阿胶毛驴养殖基地实地观察得出结论），这就会影响到它实际的活动量，从而干扰发情判断。所以对于能繁母驴来讲，圈舍内的环境温度对于它的发情判断也很重要，首先环境温度会影响它的进食，其次会影响它的活动量，影响发情判断。那么我们需要对能繁母驴控制环境温度在 t1、t2 两个温度点，因为在这两个点控制了毛驴的进食量没有达到最大保证了控制体重。保证能繁母驴的体重处于健康状态，其次对于 t1 和 t2 这两个温度应该选择 t1 温度，虽然 t1、t2 都能控制毛驴的采食时间，但是 t2 的温度远大于 t1，所以在 t2 的温度下会影响毛驴的活动量从而影响了毛驴的发情判断。所以综合来讲，对于能繁母驴将环境温度控制在 t1 进行饲养是最佳温度。

　　通过湿度和采食时间的关系图，同样可以分析出肉驴和能繁母驴不同的最佳湿度值（图 5-12，图 5-13）。

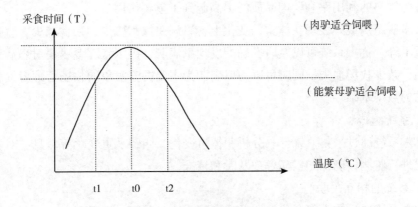

图 5-12　温度和采食时间的关系图

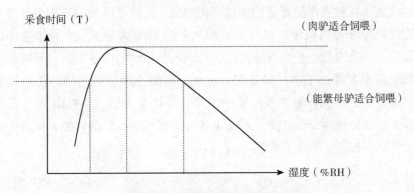

图 5-13　湿度和采食时间的关系图

第五节　UWCS 称重系统

　　称重系统（Ubiquitous Weight Collect System，UWCS）除了监测驴重量信息，还能及时准确的发现患病驴，同时通过活动量及采食量的变化，判断驴的健康情况。驴患病，会影响体重的增长，同时饲料配方的不合适，也会影响驴群体重的增长。对于肉驴来说，出栏体重不同，饲料消耗量和利用率也不同。一般规律是，驴的出栏体重越大，饲料利用率就越低。驴肉品质与出栏体重也有密切的关系，出栏体重小，驴肉品质不如出栏体重大的。称重系统在监测了驴健康的同时，也为饲料的利用率和驴肉品质的提高起到了重要作用。

很多驴患病最先表现在体重的变化上，患病驴饮水减少、采食减少，直接导致体重下降。称重系统可以及时准确的发现患病驴，提示管理者尽快对患病驴进行诊治，减少牧场损失，同时可以为以肉驴为主要饲养对象的牧场管理者提供资产评估的数据基础。

1. 系统组成

称重系统通过采集、统计、分析驴体重变化、四蹄承重变化等信息，对驴健康状况进行监测，确保驴疾病发现及时和精准。

2. 系统的相互关联

称重系统通过体重的变化能够反映出驴舍的温湿度、饲喂配方、采食以及驴健康状况之间的关系，及时合理调整，为科学养殖提供有力的大数据保障。

通过称重系统检测出驴每天的体重变化情况，反映出圈舍中环境温湿度是否合适，进而调控环境温湿度。也可以反映出驴的健康状况，当驴的体重连续下降，就需要人工及时检查驴的身体健康，当出现群体性的体重下降，就需要及时检查驴的饲料配方是否正常，如果配方出现问题那么就会出现群体性的体重变化，所以通过称重系统，能够及时反映出圈舍环境是否适宜，TMR 配方是否合适，以及驴的身体健康是否正常。对于出现的问题能够及时的调控，保证驴养殖利益最大化，实现驴的数据化智慧养殖。

第六章　驴常见病的诊断与防治

第一节　驴常见病毒病

一、流感

流感是由 A 型流感病毒引起的马属动物的急性高度接触性传染病，以发热、咳嗽、流浆液性鼻液为特征。

驴不分年龄、品种均可感染，但以生产母驴、劳役抵抗力降低和体质差的驴更易发病。气候多变季节多发，主要经呼吸道感染，呈散发或地方性流行。

【典型症状及病变】

由于个体差异，临床上常表现以下三种类型。

1. 一过型

比较多见，表现咳嗽，流清鼻液，体温正常或稍高，而后很快下降；精神及全身变化不明显，7 天左右可自愈。

2. 典型型

病驴精神沉郁，全身无力，体温升高，呼吸心跳增速；初期流水样鼻液，随后转为浑浊黏稠呈灰白色，个别呈脓样或混有血液；剧烈咳嗽，病初干咳疼痛，咳嗽声短而粗，几天后变为湿咳，咳声低而长，痛苦减轻；有的驴在受冷空气、尘土刺激后，或运动时咳嗽显著加重。个别病驴四肢或躯干出现浮肿。

3. 非典型型

如对病驴护理不好，治疗不当，发病后继发支气管炎、肺炎、肠炎以及肺气肿和肺泡破裂等，可引起死亡。体温可出现持续性高热或反复性高热，流大量鼻液。

【预防】

流感病毒容易变异，因此，给疫苗的研究带来困难。目前世界上大多数国家采用马流感病毒灭活苗。一般选用具有代表意义的甲Ⅰ型和甲Ⅱ型毒株制成的二价苗或多价苗。

加强饲养管理，增强体质，勿使过度疲劳；注意疫情侦查，掌握疫情动态，提早做好消毒、隔离、检疫等工作。发生疫情时，对圈舍、运动场及用具应严格消毒。

【治疗】

本病尚无特效治疗药物。防止继发细菌感染可选用抗菌药物，如青霉素类（如青霉素、氨苄西林）、头孢菌素类（如头孢噻呋）、氨基糖苷类（如庆大霉素），喹诺酮类（如恩诺沙星）、大环内酯类（如替米考星）等注射给药。

辅助疗法：

（1）解热。可选用解热镇痛药（如复方氨基比林注射液、安乃近注射液、对乙酰氨基酚注射液等）。

（2）祛痰。可选用复方樟脑酊或杏仁水，灌服。

（3）抗炎。可选用糖皮质激素类药物（如地塞米松磷酸钠注射液、醋酸氢化可的松注射液或醋酸可的松注射液等）。

（4）补液。可选用5%葡萄糖注射液、0.9%生理盐水、10%葡萄糖注射液或5%葡萄糖氯化钠注射液等，静脉注射。

（5）增强机体抵抗力。可选用黄芪多糖注射液，肌内注射。

二、流行性乙型脑炎

流行性乙型脑炎是由日本脑炎病毒引起的一种蚊媒性人兽共患传染病，又称日本脑炎，以中枢神经机能紊乱（沉郁、兴奋或意识障碍）为特征。

3岁以下驴多发。本病主要由蚊虫叮咬传播，7—9月气温高、日照长、多雨季节流行，低洼地发病率高，多呈散发。

【典型症状及病变】

潜伏期1~2周。病初体温升高达39.5~41℃，精神沉郁，食欲减退，肠音稀少，粪球干小。部分病驴经 1~2 天体温恢复正常，食欲增加并逐渐康复。部分病驴由于病毒侵害脑脊髓神经，出现明显神经症状，临床上可分为四个型。

1. 沉郁型

病驴精神沉郁、呆立不动、低头耷耳，对周围事物无反应，眼半睁半闭，呈昏睡状态；有时空嚼磨牙，以下颌抵槽或以头顶墙；常出现异常姿势，如前肢失去平衡，走路歪斜、摇晃；后期卧地不起，昏迷，感觉消失。此型病驴较多，病程也较长，可达 1~4 周。

2. 兴奋型

病驴兴奋不安，重则狂暴，乱冲乱撞，攀登饲槽，低头前冲，不知避开障碍物，甚至撞在墙上，跌倒坠沟；后期衰弱无力，卧地不起，四肢前后划动如游泳状。以兴奋为主的病程较短，多 1~2 天死亡。

3. 麻痹型

主要表现后躯的不全麻痹症状，步行摇摆，容易跌倒，尾不驱蝇；视力减退或消失，衔草不嚼，嘴唇歪斜，甚至不能站立。此型病程较短，多预后不良。

4. 混合型

沉郁和兴奋交替出现，同时出现不同程度的麻痹。

耐过病驴常遗留后遗症，如腰萎、口唇麻痹、视力减退、反应迟钝等症状。

【预防】

在疫区，4~24 个月龄和新引入的外地驴，可注射乙脑弱毒疫苗，每年 6 月至第二年 1 月期间免疫一次，肌内注射 2 毫升。

加强饲养管理，增强驴的体质。做好灭蚊工作。

对病驴要早发现，早隔离，早治疗。尸体深埋，对场舍及污染环境和器物要严格消毒。

【治疗】

本病尚无特效治疗药物。防止继发细菌感染可选用抗菌药物，如青霉素类（如青霉素、氨苄西林、苯唑西林），头孢菌素类（如头孢噻呋），氨基糖苷类（如庆大霉素），喹诺酮类（如恩诺沙星），磺胺类（如磺胺嘧啶钠、磺胺间甲氧嘧啶钠）等注射给药。

辅助治疗：

可采取对症疗法和支持疗法。在早期采取降低颅内压、调整大脑机能、解毒为主的综合治疗措施，同时加强护理，可收到一定效果。

1. 设专人护理

防止发生外伤，置驴于安静阴凉处。有食欲的病驴，多喂青嫩饲草，勤添饮水，补充维生素。无食欲者可用胃管灌给稀粥、豆浆、牛奶等。对不能站立的驴，要厚垫草，勤翻身。

2. 降低颅内压

可选用 25% 山梨醇或 20% 甘露醇注射液，1~2 克/千克，静脉注射，可间隔8~12 小时再注射一次。间隔时间内静脉注射 25% 葡萄糖注射液 500~1 000 毫升（30~40 毫升/分钟）效果更好。有条件的可用健康驴血浆 30~50 毫升，静脉注射，第二天再注射一次。

3. 强心补液

可选用 5% 葡萄糖注射液、0.9% 生理盐水、10% 葡萄糖注射液、樟脑磺酸钠注射液等静脉注射。

4. 利尿解毒

可选用 40% 乌洛托品 50 毫升，静脉注射，每日 1 次。膀胱积尿时，要及时导尿。

三、马传染性贫血

马传染性贫血是由马传染性贫血病毒引起的马、驴、骡的一种慢性传染病，简称"马传贫"，又称"沼泽热"，以发热（稽留热或间歇热）、血小板低下、贫血、出血、黄疸、心脏衰弱、水肿和消瘦为临床特征，发热期症状明显，无热期症状缓和或消失。

只有马属动物对马传贫病毒有易感性，且无品种、年龄、性别差异，其中马的易感性最强，驴、骡次之。本病主要是通过吸血昆虫（虻、蚊、蠓等）叮咬传染，也可经消化道、交配、胎盘和污染的器械等传染。本病有明显季节性，在吸血昆虫孳生活跃的季节（7—9 月）发病较多，常呈地方流行性。新疫区多呈暴发性流行，急性型多；老疫区则断断续续发生，多为慢性型。

【症状】

临诊上表现为急性型、亚急性型和慢性型及亚临床型 4 种类型。急性型症状最为典型，出现发热、严重贫血、黄疸等，死亡率高。除隐性型外，其他3个型之间随着机体抵抗力的改变，可相互转化。

（1）急性型。多见于新疫区的流行初期，或者疫区内突然暴发的病畜。体温突然升高到39~41℃以上，一般稽留8~15天，有的有短时间的降温，然后骤升到40~41℃以上，一直稽留至死亡。临诊症状及血液学变化明显。病程短者3~5天，最长的不超过1个月。

（2）亚急性型。常见于流行中期。病程较长，1~2个月。主要呈现反复发作的间歇热和温差倒转现象，常反复发作4~5次。发热期体温升到39.5~40.5℃，一般持续4~6天，但也有病例可延长到8~10天，个别病例可能缩短到2~3天，然后转入无热期。若病畜趋于死亡时，热发作次数则较频繁，无热期缩短，发热期延长；反之，发热次数减少，无热期越来越长，发热期越来越短，病畜转为慢性型。临床症状和血液学呈现随体温变化而变化的规律，即发热期症状和血液学变化明显，无热期则减轻或消失，但心脏机能仍然不能恢复正常。

（3）慢性型。是最多见的一种病型，常见于本病的老疫区，病程甚长，可达数月或数年。其特点与亚急性型基本相似，呈现反复发作的间歇热或不规则热，但发热期短，通常为2~3天，某些病例有时出现1天或1次的轻度体温升高。体温一般为中等程度或轻微发热，很少有达到40℃以上者。而无热期很长，可持续数周或数月。温差倒转现象更为明显。发热期的临床症状和血液学变化都比亚急性型轻，尤其是无热期长的病畜，症状更不明显，病死率可达30%~70%。

（4）隐形型。无明显临床症状，长期带毒，只有实验室检验才能查出。

【病理变化】

最明显的病理变化是脾和淋巴结肿大、槟榔肝、贫血、出血、水肿和消瘦。急性型主要呈败血性变化，在亚急性和慢性型时败血性变化表现轻微，而贫血和网状内皮细胞增生反应表现明显。

（1）急性型。主要呈败血性变化，在黏膜及浆膜出现出血点或斑，尤以舌下、鼻翼、第三眼睑，阴道黏膜，胸腔及腹腔浆膜，膀胱及输尿管黏膜，盲肠及大肠的黏膜与浆膜最为多见。淋巴结肿大，切面有充血、出血和水肿。脾肿大，切面呈均质暗红色，有的因白髓增生，呈颗粒状。肝脏肿大，切面小叶明显，由于小叶中央静脉及窦状隙淤血和肝细胞索变性交织，形成槟榔样花纹。肾肿大，皮质有出血点。心肌脆弱，呈灰黄色的煮肉状；心内、外膜有出血点。

（2）亚急性和慢性型。尸体多消瘦和贫血，可视黏膜苍白，肠浆膜和心内外膜见少量出血点。肝肿大，呈暗红色或铁锈色，切面呈明显的槟榔样花纹，肝小叶明显，呈网状结构。淋巴结肿大、坚硬，切面灰白，淋巴小结增生呈颗粒状。脾肿大、坚实，表面粗糙不平，因脾小体肿大而在樱桃红色的切面有灰白色粟粒大小的颗粒突出。肾轻度肿大，呈灰黄色，切面皮质增厚，肾小球明显，呈慢性间质性肾炎变化。心脏因心肌变性而弛缓、扩张，心肌变脆、褪色呈煮肉状。长骨的骨髓红区扩大，黄髓内有红色骨髓增生灶，严重的慢性病例骨髓呈乳白色胶冻状。

【预防】

为了预防及消灭本病，必须按照《中华人民共和国动物防疫法》和农业农村部颁发的《马传染性贫血病防制试行办法》的规定，采取严格控制、扑灭措施。

（1）加强饲养管理，提高驴群抗病能力，搞好环境卫生，消灭蚊和虻。

（2）不从疫区购进马、驴、骡，必须购买时，须隔离观察1个月以上，经过临床综合诊断和2次血清学检查，确认健康者，方可合群。

（3）发现患病动物，立即上报疫情，严格隔离，扑杀病畜。扑杀或自然死亡病畜尸体一律作焚烧或深埋等无害化处理。

（4）对病畜污染过的场地、用具等严格消毒，粪便、垫草等应堆积发酵消毒。

（5）对检疫健康驴和假定健康驴紧急接种马传贫驴白细胞弱毒疫苗，不分品种、年龄、性别，一律皮下注射10倍稀释的疫苗2毫升。驴需经过2个月产生免疫力，免疫期为2年。

四、马传染性鼻肺炎

马传染性鼻肺炎是由马疱疹病毒（equine herpes virus，EHV）引起的，以幼驴发热、厌食、流涕、白细胞减少、呼吸道卡他性炎症以及孕畜流产为特征的马属动物传染病。

仅感染马属动物，以1~2岁幼驴多发，妊娠马属动物常在幼驴患病流行1~

5 个月后出现流产。马属动物是 EHV-1 和 EHV-4 的自然宿主，多发于秋季和早春季节，主要经呼吸道传播。犬、鼠类及腐食鸟类可能机械传播本病，常呈地方性流行。EHV-1 存在于流产时的排出物中，可通过直接接触（包括交配）传播和间接传播，病毒还可经子宫感染胎儿；EHV-4 存在于鼻腔分泌物中，常经呼吸道和消化道传播。

【典型症状及病变】

鼻肺炎型：潜伏期 2~3 天，多发于幼驴，体温升高达 39.5~41.0℃并持续 1~4 天，流浆液或黏液脓性鼻液，鼻黏膜及眼结膜充血，颌下淋巴结肿大，食欲降低，白细胞减少，经 4~8 天恢复正常。

流产型：潜伏期 1~5 个月，常无前驱症状而流产，流产后又迅速恢复正常，且不影响受孕，流产胎儿多为死胎或产后数小时至数天死亡。少数母驴可出现神经症状、共济失调、后肢和腰麻痹或瘫痪。

剖检可见流产胎儿可视黏膜黄染，皮下不同程度水肿及出血。多数胎驹在心肌、脾及肝脏的包膜下有小点出血，肺水肿，胸腔积液。患呼吸道症状的病例常有肺水肿，心外膜出血，胸、腹腔及心包腔积液，肝充血、肿大且有散在灰白色或黄白色坏死灶。组织病理学检查见有特征性嗜酸性核内包涵体。淋巴组织及淋巴结呈现以细胞核破裂为特征的坏死。

【预防】

（1）平时应加强饲养管理，严格执行兽医卫生防疫制度。育成驴和母驴隔开饲养，发病驴要立即隔离，不准调动，不让接触孕驴。流产驴至少要隔离 6 周。

（2）对被污染的垫草、饲料及流产排出物要彻底消毒。

（3）厩舍、运动场、工作服及各种用具应清洗消毒。

（4）免疫接种可用 EHV1 和 EHV4 二价灭活疫苗或培养传代致弱的弱毒疫苗。

【治疗】

本病尚无有效的治疗方法。流产母驴无需治疗，单纯的鼻肺炎病驴也无需治疗，只要加强管理，注意让其休息，可自愈。防止继发细菌感染可选用抗菌药物，如青霉素类（如青霉素、氨苄西林）、头孢菌素类（如头孢噻呋）或磺胺类

（如磺胺嘧啶钠、磺胺间甲氧嘧啶钠）等注射给药。

中药可选清肺止咳散：当归、桔梗各 22 克，知母、贝母、桑皮、瓜蒌、黄芩、木通各 25 克，甘草 19 克，冬花 31 克，开水冲服，1 剂/天，连用 3~5 剂。

第二节　驴常见细菌病

一、炭疽

炭疽是由炭疽杆菌引起的急性、热性、败血性人兽共患烈性传染病，以突然死亡，天然孔出血，血液煤焦油样、凝固不良，尸僵不全，败血症变化，脾脏显著肿大和皮下、浆膜下结缔组织出血性胶样浸润为临床特征。

不同年龄阶段的驴均可感染。本病主要通过采食污染炭疽杆菌芽孢的饲料、饲草或饮水经消化道感染，也可通过呼吸道、损伤的皮肤和吸血昆虫叮咬而感染，多呈散发或地方性流行，主要发生于潮湿炎热季节。

【典型症状及病变】

多取急性或亚急性经过。病初体温升高，出汗，呼吸困难，有剧烈腹痛，往往于咽喉部、颈、胸前、肩胛、下腹及外阴部出现出血性水肿，也可出现炭疽痈。死后多数病驴天然孔出血。病程多为 8~36 小时，很少有经过 3 天的。

病变特点是尸体迅速腐败、腹部异常膨胀，尸僵不全，天然孔出血，血液凝固不良，呈煤焦油样；可视黏膜发绀、出血；尸体各部皮下组织可见出血和胶冻样浸润；淋巴结肿大、充血，切面潮红；脾脏高度肿大、外膜紧张，易破裂，脾髓呈暗红色；十二指肠和空肠常发生弥散性和局限性的出血性坏死性肠炎，可见肠炭疽痈。

【预防】

（1）平时应做好检疫防疫工作，在疫区和常发地区，可接种无毒炭疽芽孢疫苗和Ⅱ号炭疽芽孢疫苗，皮下接种 14 天后产生免疫力，免疫期为 1 年。

（2）对病死动物要坚决做到"四不准、一处理"，不准宰杀、不准食用、不准出售、不准转运，按规定进行无害化处理，防止病原污染环境。

（3）被污染的土壤要铲除 15~20 厘米，并与 20% 漂白粉混悬液混合后深埋；

圈舍及环境用20%漂白粉混悬液或10%氢氧化钠喷洒；死尸天然孔及切开处，用0.1%升汞浸泡的脱脂棉或纱布堵塞，连同粪便、垫草一起焚烧。

【治疗】

炭疽作为一种人畜共患急性烈性传染病，对公共卫生安全产生严重威胁，已确诊的患病动物，一般不予治疗，而应尽快销毁。一旦发现本病，应尽快上报疫情，划定疫点、疫区，采取隔离、封锁等措施，禁止疫区内动物交易和输出动物产品及草料。禁止食用患病动物乳、肉，而应做无血扑杀处理，疫区、受威胁区所有易感动物进行紧急免疫接种。

二、腺疫

腺疫是马腺疫链球菌引起的马、驴、骡等马属动物一种急性接触性传染病，以发热、上呼吸道黏膜发炎、下颌淋巴结急性化脓性炎症以及流脓鼻液为特征。

腺疫以马最敏感，驴、骡次之，3岁以下多发，呈散发或地方性流行。链球菌随脓肿破溃和驴喷鼻、咳嗽排出体外，污染空气、草料、水等，主要经上呼吸道黏膜、扁桃体或消化道感染。

【典型症状及病变】

本病分三种类型：

1. 顿挫型

鼻、咽黏膜呈轻度炎症，下颌淋巴结不肿胀或轻微肿胀，有中度增温后很快自愈。

2. 良性型

病初体温升高至40~41℃，结膜潮红，精神沉郁，食欲不振或废绝，鼻咽黏膜发炎；咳嗽，下颌淋巴结肿大，热而疼痛。患驴因咽部疼痛常头颈伸直，吞咽或转头痛苦。数日后淋巴结变软，破溃后流出大量黄白色黏稠脓液，此时体温下降，炎性肿胀渐渐消退，其他症状也随之消失。

3. 恶性型

病菌由颌下淋巴蔓延或转移，发生体内各部位淋巴结转移性脓肿，各器官转移性脓肿及肺炎。此型预后多不良。

【预防】

对断奶幼驴加强饲养管理和运动锻炼，补充优质草料，增强抵抗力。

有条件的可接种当地分离菌株制成的多价灭活苗。

发病季节要勤检查，发现病驴立即隔离治疗，其他驴驹可投服磺胺类药物，拌料饲喂。

【治疗】

发病后应尽早确诊，立即隔离病驴，选用敏感的抗菌药物治疗。

1. 局部处理

肿胀部涂抹鱼石脂软膏或 10%～20% 松节油软膏，促使肿胀迅速化脓破溃。肿胀成熟时，应及时切开排脓，用 1% 新洁尔灭或 1% 高锰酸钾水溶液彻底冲洗，并做引流。发现肿胀严重压迫气管引起呼吸困难时，除及时排脓外，可行气管切开术使呼吸畅通。

2. 全身治疗

早期可应用青霉素类药物（如青霉素、氨苄青霉素、阿莫西林）、第一代头孢菌素类（如头孢氨苄）；对耐青霉素的链球菌宜选用 β-内酰胺类+β-内酰胺酶抑制剂，或选用第三代头孢菌素（头孢噻呋）、第四代头孢菌素（头孢喹肟）或大环内酯类抗生素（如乳糖酸红霉素、替米考星）等，为保证疗效，最好采用静脉注射给药。慢性病例可选用普鲁卡因青霉素、苄星青霉素、磺胺类（如磺胺嘧啶、磺胺对甲氧嘧啶、磺胺间甲氧嘧啶等）及四环素类（如土霉素、四环素或多西环素等，注意妊娠期、哺乳期病驴禁用）等，肌内注射。

辅助治疗：

（1）解热。可选用解热镇痛药（如复方氨基比林注射液、安乃近注射液、对乙酰氨基酚注射液或氟尼辛葡甲胺注射液等）。

（2）感染前期抗炎。可选用糖皮质激素类药物（如地塞米松磷酸钠注射液、醋酸氢化可的松注射液或醋酸可的松注射液等）。

（3）抗组胺。可选用马来酸氯苯那敏注射液，可有效减轻肿胀、渗出症状。

（4）补液。可选用 5% 葡萄糖注射液、10% 葡萄糖注射液或 5% 葡萄糖氯化钠注射液。

（5）保护心肺。可选用维生素 C 注射液和维生素 E 注射液等。

（6）调整酸碱平衡。可选用 5% 碳酸氢钠注射液，也可选用乳酸钠注射液。

三、驴沙门氏菌病

驴沙门氏菌病是由马流产沙门氏菌引起的马属动物的一种传染病，临床表现为妊娠母驴流产，幼驴关节肿大、下痢，有时见支气管肺炎，公驴表现睾丸炎和鬐甲肿。

本病多发于春秋季节，3月龄以内的驴最易感，主要通过被污染的饲料、饮水由消化道传染，也可通过交配或人工授精传播，呈散发或地方性流行。

【典型症状及病变】

（1）孕驴以流产为特征，流产前常无先兆，妊娠后期的病驴有轻微腹痛，频频排尿，乳房肿胀，阴道流出血样液体，有时战栗、出汗；流产时，胎儿和胎衣一并排出，很少有胎衣停滞现象；流产后，恶露由红色变为灰白色，逐渐自愈，但继发子宫内膜炎时，则体温升高，全身症状严重，如不及时治疗，可败血死亡。

（2）幼驴体温升高，呈稽留热或弛张热，精神沉郁，食欲减退或废绝，呼吸、脉搏增速；有的出现肠炎、支气管肺炎；有的四肢发生多发性关节炎，有热、痛、跛行，触摸关节有波动感，严重的卧地不起；有的在臀、背、腰或胸侧等处出现热痛性肿胀，有时可化脓坏死；严重者可因败血死亡。

（3）公驴病初体温升高，眼结膜潮红、黄染，阴筒、阴囊、睾丸发生热痛性肿胀，病程长的变得硬固；有的发生关节炎，鬐甲部出现脓肿，脓肿破溃后很容易形成瘘管。

（4）此外，若感染鼠伤寒沙门氏菌和肠炎沙门氏菌，可引起驴急性胃肠炎，不及时治疗，死亡率很高。

【预防】

（1）加强对孕驴的饲养管理，冬季补充骨粉、食盐、胡萝卜、大麦芽等，保持钙磷平衡，防止暴冷暴热和过度使役，改善卫生条件，适当运动，消除诱发本病的各种因素，可减少流产概率。

（2）接种马流产沙门氏菌弱毒冻干菌苗，每年2次，即每年12月至翌年1月和6—7月份各免疫一次，每次注射2次，间隔7天，第一次1毫升，第二次2毫升，免疫期半年。

（3）种公驴不接种菌苗，在配种前用试管凝集试验检测，呈阳性反应的淘汰，阴性的方可配种。发生本病时，立即隔离病驴，流产的胎儿、胎衣和垫草等应焚烧或深埋，被污染的场地及用品应严格消毒。母驴流产后2个月，生殖系统恢复正常方可配种。

【治疗】

流产驴一般不需要治疗，体温高或症状严重时，为防止菌血症、败血症及内毒素引起的休克，应使用抗菌药物，宜选氨基青霉素类（如氨苄西林）、三代或四代头孢菌素类（如头孢噻呋、头孢喹肟等）、复方磺胺（如复方磺胺嘧啶钠注射液、复方磺胺甲噁唑片、复方磺胺对甲氧嘧啶片、复方磺胺对甲氧嘧啶钠注射液等）以及四环素类（如多西环素、四环素、土霉素等）等。氟喹诺酮类（如恩诺沙星）药物对沙门氏菌有良效，但因其可引起幼龄动物的软骨损害，故妊娠和哺乳母畜以及幼驴慎用。

辅助治疗：

（1）解热镇痛。可选用复方氨基比林注射液、对乙酰氨基酚注射液或氟尼辛葡甲胺注射液等。

（2）抗炎。可选用糖皮质激素类药物（如地塞米松磷酸钠注射液、醋酸氢化可的松注射液或醋酸可的松注射液等）。

（3）止泻。可灌服0.1%高锰酸钾液；或用药用炭配制成10%混悬液灌服。

（4）调整酸碱平衡。可选用5%碳酸氢钠注射液或乳酸钠注射液。

（5）纠正脱水。可选用复方氯化钠注射液、0.9%生理盐水、5%或10%葡萄糖注射液等静脉注射，也可选择口服补液盐水溶液供其自饮或灌服。

注意：在脱水纠正前慎用肾毒性大的药物，如氨基糖苷类和磺胺类。

四、驴驹大肠杆菌病

驴驹大肠杆菌病是一种急性传染病，以剧烈腹泻、内中毒和急性死亡为特征。

一周龄以内幼驴最易感，一年四季均可发生，呈散发或地方性流行，主要通过污染的乳头、饮水或舔食粪便等经消化道传染，也可经脐带传染，子宫内感染很少见。

【典型症状及病变】

幼驴体温突然升高达40℃以上，剧烈腹泻，肛门失禁，不断流出液状粪便，呈白色或灰白色，内含大量黏液，有时混有血液；精神委顿，吃奶时站立困难，最后高度衰弱，几天内死亡；病程长者，下痢和便秘可交替出现，关节肿胀，出现跛行。

剖检见胃肠黏膜脱落，有点状出血。小肠、盲肠和结肠都有出血性炎症。心内外膜有出血点。脾脏肿大，包膜有出血点，淋巴结肿大。病程长的关节肿大，关节内有多量混有纤维蛋白的红黄色液体。

【预防】

加强饲养管理，搞好环境卫生，及时清除粪便，厩床、运动场要保持清洁和干燥，防止幼驴舔食粪便和污物。注意新生驹采食足够的初乳。

【治疗】

早期使用足量抗菌药物，宜选β内酰胺类抗生素+β内酰胺酶抑制剂的复方制剂（如氨苄青霉素+舒巴坦，阿莫西林+克拉维酸钾）、氨基糖苷类（如庆大霉素、新霉素、卡那霉素等）、头孢菌素类（头孢噻呋、头孢喹肟）、四环素类（土霉素、四环素、多西环素）以及磺胺类（如磺胺嘧啶钠、磺胺六甲氧嘧啶）等注射给药。对于腹泻严重者，可考虑在注射抗菌药物的同时，口服难以吸收的氨基糖苷类抗生素以取得更好的肠道抗菌效果。

辅助治疗：

（1）解热。可选用解热镇痛药（如复方氨基比林注射液、安乃近注射液、对乙酰氨基酚注射液等）。

（2）抗炎。可选用糖皮质激素类药物（如地塞米松磷酸钠注射液、醋酸氢化可的松注射液或醋酸可的松注射液等）。

（3）补液。可选用5%葡萄糖注射液、10%葡萄糖注射液或5%葡萄糖氯化钠注射液。

（4）止泻。可选用活性炭。

（5）防止渗出。可选用维生素C和钙制剂（如10%葡萄糖酸钙注射液或10%氯化钙注射液）。

（6）促进肠黏膜恢复。可选用维生素B_{12}注射液、肌苷注射液和腺苷三磷酸注射液，肌内注射。

（7）增强肠胃功能。可选用复合维生素 B，益生菌类制剂。

五、恶性水肿

恶性水肿是以腐败梭菌为主的多种梭菌经创伤感染引起的多种动物共患的一种急性、热性、创伤性传染病，临床上以创伤局部发生急剧气性炎性水肿，并伴有发热和全身毒血症为特征。

大多数温血动物均可感染本病，各年龄段均可发生，夏季炎热气候多发，多经外伤感染，呈散发性

【典型症状及病理变化】

病初创伤部周围呈弥漫性水肿、热痛，后变冷无痛，成气肿，指压有捻发音，割开流出带气泡、腐臭的红棕色液体；发生于生殖道的，阴户肿胀，阴道黏膜坏死，会阴和腹下部水肿；严重病例全身发热，呼吸困难，黏膜充血、发绀，并有腹泻，最后可发展为毒血症而死亡。

剖检可见发病局部皮下和肌肉间结缔组织有黄褐色液体浸润，肌肉暗褐色，含有带腐败气味的气泡；脾、淋巴结肿大，腹腔和心包积液。

【预防】

我国已研制成包括预防本病和快疫等梭菌病的多联苗。在梭菌病常发地区，常年注射，可有效预防本病。

平时注意外伤处理，一旦发病要及时进行清创和消毒，还要严格做好各种外科手术及注射的无菌操作并做好术后护理工作。

发生本病后，要及时隔离病畜，对污染的场地、垫草、用具要及时全面消毒。病死动物不可利用，必须深埋或焚烧处理。

【治疗】

（1）局部治疗。局部肿胀应尽早切开，扩创清除腐败组织和渗出液，然后用氧化剂（如0.1%高锰酸钾或3%过氧化氢溶液）冲洗，并撒布注射用青霉素（溶解，不宜直接撒布青霉素粉）或磺胺粉。

（2）全身治疗。早期使用足量抗菌药物，宜选青霉素类（如青霉素、氨苄西林等）、甲硝唑、四环素类（如土霉素、多西环素）等注射给药。

辅助治疗：解热可选用解热镇痛药；抗炎可选用糖皮质激素类药物；抗组胺可选用马来酸氯苯那敏注射液以减轻肿胀、渗出症状；补液可选用5%葡萄糖注射液、10%葡萄糖注射液或5%葡萄糖氯化钠注射液。

六、破伤风

破伤风是由破伤风梭菌引起的一种人畜共患的急性、创伤性、中毒性传染病，又称强直症，俗称"锁口风"。

不同年龄阶段驴均可感染，其易感性无年龄和品种差异。钉伤、鞍伤或去势消毒不严以及新生驴驹断脐不消毒或消毒不严，特别是小而深的伤口，均易感染发病，多呈散发性。

【典型症状及病变】

病初咀嚼缓慢，肌肉强直，从头部逐渐发展到其他部位。病驴开始两耳发直，鼻孔开张，颈部和四肢僵直，不能摆动；随后步态不稳，运动显著障碍，瞬膜外突，牙关紧闭，头颈伸直，四肢开张，尾根高举，呈"木马状"；转弯或后退更显困难，容易跌倒；响声、强光、触摸等刺激都能使病驴痉挛加重，惊恐不安；后期体温可上升到40℃以上。如病势轻缓，还能饮水吃料，病程延长至2周以上时，经过适当治疗，常能痊愈；如在发病后2~3天内牙关紧闭，全身痉挛，心脏衰弱，又有其他并发症者，多预后不良。

【预防】

坚持每年定期注射破伤风类毒素疫苗，可有效地防止本病发生。

预防本病关键是加强管理、防止外伤，一旦发生外伤要及时正确处理并注射破伤风类毒素1毫升/头。第一次注射后间隔4~6周进行第二次注射。

【治疗】

局部处理：小而深的创口，先扩创，再用0.2%高锰酸钾或3%双氧水清洗，晾干后涂抹紫药水或碘甘油，可用0.25%~0.5%普鲁卡因配合青霉素或普鲁卡因青霉素注射液在患部周围分点注射（皮下或肌内注射）。

全身治疗：发病初期，尽早使用破伤风抗毒素（TAT），一次肌内注射破伤风抗毒素60万~80万U，第二次注射30万~50万U，以后每隔3~5天注射5万~10万单位；早期应及时给予大剂量抗生素治疗，可选青霉素、甲硝唑或四环素类等。

辅助治疗：

（1）加强护理是治疗破伤风关键。病驴应放在安静、较暗的厩舍内，避免外界任何不良刺激。

（2）解热。可选用解热镇痛药（如复方氨基比林注射液、安乃近注射液、对乙酰氨基酚注射液或氟尼辛葡甲胺注射液等）。

（3）抗炎。可选用糖皮质激素类药物（如地塞米松磷酸钠注射液、醋酸氢化可的松注射液或醋酸可的松注射液等）。

（4）强心补液。可选用5%葡萄糖注射液、0.9%氯化钠注射液或5%葡萄糖氯化钠注射液配合选用10%安钠咖注射液、维生素C、维生素B_1等。

（5）镇静解痉。可选择25%硫酸镁注射液或盐酸氯丙嗪。

第三节　驴常见寄生虫病

一、驴消化道线虫病

驴消化道线虫主要指寄生在驴消化道的蛔科、尖尾科、旋尾科、圆形科、盅口科等五个科的线虫，在驴体内常呈混合感染，其临床表现为肠炎、消瘦、贫血和浮肿。

幼龄驴较成年驴更易感，主要经呼吸道感染，呈散发或地方性流行，全年均发病，以放牧于低洼、潮湿、沼泽及临近江河湖泊牧场的驴多发。

【典型症状及病变】

不同线虫寄生于消化道不同部位，可引起消化机能障碍，食欲减退，发育迟缓，消瘦，贫血等症状。严重时可引起肠炎、贫血和浮肿。马副蛔虫感染严重时，可引起肠穿孔而死亡。普通圆线虫的幼虫在移行期可引起血栓性疝痛。无齿圆线虫幼虫则引起腹膜炎，急性毒血症，黄疸和体温升高等。马胃线虫能在马属动物的胃腺部形成肿瘤，严重时肿瘤化脓，引起胃破裂、腹膜炎。剖检可在消化道不同部位发现相应线虫。

【预防】

（1）定期驱虫。每年1~2次，驱虫后3~5天内不要放牧，以便将排出的带有虫体和虫卵的粪便集中消毒处理。

（2）加强饲养管理，补充各种矿物质和微量元素，提高家畜抵抗力。

（3）粪便及时清理并进行生物热处理，消灭厩舍内的蝇类。

（4）定期消毒用具，饮水最好用自来水、井水或流水。

【治疗】

可选用以下药物进行治疗：

（1）丙硫咪唑（阿苯达唑）10~20毫克/千克，口服。

（2）噻苯咪唑50毫克/千克，口服。

（3）左旋咪唑5毫克/千克，口服、皮下或肌内注射。

（4）精制敌百虫30~50毫克/千克，配成5%溶液灌服。

（5）伊维菌素0.2毫克/千克，口服或皮下注射。

第一次驱虫10~14天后，宜重复给药一次。

在驱虫的同时，还应采取适宜的对症治疗措施。

①消化道止血：可选用维生素K、止血敏（酚磺乙胺）等。

②保护胃肠黏膜：可选用药用炭、鞣酸蛋白、次硝酸铋，亦可用炒面、浓茶水等。

③预防脱水：酌情静脉注射5%葡萄糖注射液、10%葡萄糖注射液、0.9%氯化钠注射液或复方氯化钠注射液等。

二、马胃蝇蛆病

马胃蝇蛆病由马胃蝇幼虫寄生于马属动物胃肠道内所引起的慢性寄生虫病，以高度贫血、消瘦、中毒，使役能力下降为临床特征。病原成虫为马胃蝇，似蜜蜂，体长9~16毫米。

本病多见于干热的夏季，各年龄段驴均可发病。

【典型症状及病变】

马胃蝇成虫产卵时，骚扰驴的休息和采食；幼虫寄生初期，引起病驴口、舌和咽部水肿、炎症甚至溃疡，表现咀嚼、吞咽困难，咳嗽，流涎；幼虫移行至胃及十二指肠时引起慢性或出血性胃肠炎；幼虫吸血及虫体毒素可导致营养障碍、中毒或过敏性病变，表现食欲减退、贫血、消瘦甚至衰竭等。

剖检可见喉头、食道水肿，有马胃蝇幼虫附着，胃内、幽门、十二指肠有大量的马胃蝇蛆堆积；幽门、十二指肠黏膜充血，发炎，肠壁变薄；叮咬部位呈火山口状，肠系膜淋巴结肿胀。

【预防】

搞好环境卫生，粪便要定期清扫。在马胃蝇产卵季节，应经常刷拭畜体，并用 1%～2% 敌百虫溶液喷洒或涂擦。

【治疗】

（1）可选用以下方法进行治疗。

①敌百虫 5～18 克（成年驴 10～16 克，幼驴 3～6 克），配成 10%～20% 水溶液清晨空腹用胃管投服。用药 4 小时后便可饮喂。

②伊维菌素 0.2 毫克/千克，皮下注射。

第一次驱虫 7～14 天后，宜重复给药 1 次。

（2）驱虫治疗的同时应采取相应的对症治疗措施。

①防止继发细菌感染。可选用青霉素类（如青霉素、氨苄西林）、头孢菌素类（如头孢噻呋）、氨基糖苷类（庆大霉素、卡那霉素等）或磺胺类（如磺胺嘧啶、磺胺对甲氧嘧啶、磺胺间甲氧嘧啶等）等抗菌药物，注射给药。

②止血可选用维生素 K 或酚磺乙胺，注射给药。

③恢复胃肠功能。可选用复合维生素 B 注射液、5% 氯化钙注射液等静脉注射，同时配合口服健胃散或大黄苏打片等。

三、裸头绦虫病

裸头绦虫病是由裸头科裸头属的大裸头绦虫、叶状裸头绦虫和侏儒副裸头绦虫寄生于马属动物消化道所引起，其中，叶状裸头绦虫感染较为常见。

幼龄驴较成年驴多发，夏秋季多发，主要经呼吸道感染，呈散发或地方性流行。

【典型症状及病变】

不同种类的绦虫寄生部位亦不同，病初均表现食欲减退，消化不良，精神沉郁，腹围增大，被毛逆立，粪有血液和黏液，渐进性消瘦，有重复的癫痫发作；有时因疝痛卧地不起，回顾腹部，呻吟，呈慢性经过；有的严重贫血，衰竭而死, 尸体消瘦, 剖检可见小肠和结肠有卡他性炎症或溃疡, 病灶区有多量黏液和虫体。

【预防】

加强饲养管理, 预防性驱虫要集中进行, 并对排出的粪便作灭虫处理, 以免散布虫卵扩大感染。避免清晨、黄昏和雨天放牧, 以减少感染机会。消灭地螨, 消灭中间宿主。

【治疗】

(1) 可选用以下药物进行治疗。

①丙硫咪唑5~10毫克/千克, 口服。

②吡喹酮10毫克/千克, 口服。

③噻嘧啶10毫克/千克, 配成溶液灌服。

④氯硝柳胺50毫克/千克, 口服。

⑤硫双二氯酚10~20毫克/千克, 配成10%溶液, 灌服。

⑥新鲜磨碎的槟榔, 成年驴20~30克装入胶囊, 禁食24~36小时后投服, 服后6小时如胃肠蠕动不增强, 应给油类泻剂。

(2) 驱虫治疗的同时需酌情采取如下辅助治疗措施。

①防止继发细菌感染。可选用青霉素类 (如青霉素、氨苄西林)、头孢菌素类 (如头孢噻呋) 等, 注射给药。

②止血可选用维生素K和酚磺乙胺, 注射给药。

③镇静。可选用氯丙嗪或水合氯醛。

④补液。可静脉注射5%葡萄糖注射液、10%葡萄糖注射液或复方氯化钠注射液等, 连用3~5天。

四、疥癣

疥癣病由疥螨引起, 主要侵害驴的头部、颈部和肩部的皮肤, 引起强烈瘙痒, 并出现丘疹、水泡和结痂。

各年龄段驴均可发病, 春夏季多发, 呈散发或地方性流行。

【典型症状及病变】

驴患病初剧烈瘙痒, 病驴总在周围物体上摩蹭患部, 病变部位皮肤出现丘疹和水泡，并形成急性皮炎；皮肤鳞屑化而结痂，且病变处皮肤增厚、脱毛，范围不断扩大，并形成褶皱；病情严重的患驴损伤可遍及全身，厌食而导致机体衰弱。刮取多处病变部边缘的皮屑镜检可观察到虫体。

【预防】

加强饲养管理，保持圈舍清洁卫生。及时发现病畜，立即隔离治疗，以免扩大传染范围。病畜的用具和圈舍应严格消毒灭螨。

【治疗】

（1）治疗方法有全身给药、局部用药和药浴疗法。

①全身给药。可选用伊维菌素注射液或阿维菌素注射液，0.2毫克/千克，皮下注射，也可选用伊维菌素片或阿维菌素片，0.2毫克/千克，口服，均一周1次，连用2~3次。

②局部涂擦或喷淋。可选用硫黄粉10克、凡士林100克调制成软膏；2%的敌百虫溶液患处涂擦；0.1%亚胺硫磷或0.1%辛硫磷溶液，涂于患部。

③药浴疗法。常选用0.025%~0.03%林丹、0.5%~1%敌百虫、0.05%辛硫磷、0.05%蝇毒磷、0.1%杀虫脒、0.03%~0.05%胺丙畏溶液等进行药浴。用药后防止驴舔食而中毒。

（2）除杀虫治疗外，还应采取相应的对症治疗措施。

①止痒抗过敏。可选用糖皮质激素类药物（如地塞米松、醋酸氢化可的松等）或抗组胺药（马来酸氯苯那敏或盐酸苯海拉明等），皮下注射或静脉注射。

②防止继发细菌感染。可选用青霉素类（如青霉素、氨苄西林）、头孢菌素类（如头孢噻呋）、氨基糖苷类（如庆大霉素、链霉素）、喹诺酮类（如恩诺沙星）等抗菌药物，注射给药。

五、混睛虫病

混睛虫病病原为丝状线虫，主要是指形丝状线虫（马脑脊髓线虫）、马丝状线虫（腹腔线虫），或偶有马丝状线虫的童虫，寄生于眼前房，因其游动使角膜发生浑浊或出现白斑。

各年龄段驴均可发病，春夏季多发，呈散发或地方性流行。

【典型症状及病变】

虫体引起角膜炎、虹膜炎和白内障。患驴羞明、流泪，角膜和眼房液稍浑浊，瞳孔散大，眼睑肿胀，结膜和巩膜充血，对光观察在眼前房可见如丝线状乳白色虫体游动，长为 1~4 厘米，如虫体进入眼后房则无法看到；病程久者，由于虫体的长时间游动刺激使角膜浑浊，呈灰白色或蓝白色。

【预防】

搞好畜舍和周围环境卫生，注意灭蚊，防止病原传播。

【治疗】

本病不能用直接穿刺的方法排出虫体，因为穿刺时虫体不一定能流出；也不能用服药杀灭虫体的方法，虫体死亡不能排出亦有害，所以，根治的方法是角膜穿刺术取出虫体。

将病驴站立或侧卧保定，固定好头部。用3%的毛果芸香碱液点眼，使瞳孔缩小，防止虫体游回到眼后房。用2%的盐酸丁卡因眼药水或2%的普鲁卡因点眼，减少眼球的活动，用拇指和食指撑开眼睑，或用开眼器张开眼睑，用眼科镊夹住球结膜一点，固定眼球，将手术小刀片于距刀尖3毫米处用湿的消毒棉花包2~3匝，以确保进入角膜的深度（刺入深度不超过3毫米）。切口部位在瞳孔的下方，角膜下缘2~3毫米处斜向穿刺角膜，使刀面与虹膜面平行刺入眼前房，此时，虫体即可随眼房液流出于眼外。术后装眼绷带，静养于光线暗的厩内。虫体排出后，若眼分泌物多时，可用2%硼酸液清洗，并用青霉素点眼，5~6 次/天，连用3天。

第四节　其他疾病

一、急性胃扩张

急性胃扩张又称大肚结，发病急，常因诊治不及时或继发症导致死亡。

本病多发于马、骡，驴也发生。按病因分为原发性胃扩张和继发性胃扩张。原发性胃扩张主要是由于采食过量难消化和容易膨胀的饲料，或采食易发酵的嫩干草、蔫青草、堆积发热变黄青草或发霉草料，或偷食大量精料或饱食后喝大量冰水而发病；继发性胃扩张主要继发于小肠阻塞、小肠变位等疾病。当大肠阻塞或大肠臌气压迫小肠使小肠闭塞不通时，亦可引起发病。

【典型症状及病变】

病初表现不安，明显腹痛，呼吸迫促，有时出现逆呕动作或犬坐姿势；腹围一般不增大，肠音减弱或消失；初期排少量软粪，以后排粪停止；胃破裂后，病畜忽然安静，头下垂，鼻孔开张，呼吸困难，全身冷汗如雨，脉搏细微，很快死亡。

【治疗】

本病以导胃排空减压、镇痛解痉、强心补液、加强护理为治疗原则。

（1）导胃排空减压。先用胃管将胃内积滞的气体、液体导出，并用生理盐水反复洗胃。

（2）清理胃肠。用6%硫酸钠（或8%硫酸镁）水溶液，鱼石脂，75%酒精，一次内服；或用液体石蜡，苦味酊，一次内服。

（3）镇痛解痉。可内服水合氯醛、酒精、福尔马林温水合剂；也可用氟尼辛葡甲胺1毫克/千克，肌内或静脉注射。

（4）强心补液。可用5%葡萄糖氯化钠注射液或复方氯化钠注射液，静脉注射；20%安钠咖，静脉注射。

二、肠便秘

肠便秘又称肠阻塞、肠梗阻、便秘疝、结症等，是由于肠管运动机能和分泌机能紊乱，粪便停滞，而使某段肠管发生完全或不完全阻塞的一种急性腹痛病。临床上马属动物以结肠阻塞最常见，其次是盲肠阻塞，小结肠阻塞不常发生，小肠阻塞很少见。

本病属于马属动物常发病。本病多因饲养管理不当和气候变化所致，如长期喂单一麦秸，尤其是半干不湿的红薯藤、花生秧最易发病；饮水不足也能诱发此病；喂饮不定时，过饥过饱，饲喂前后重役，突然变更草料，加之天气突变等因素，使机体一时不能适应，引起消化机能紊乱，也常引发本病。

【典型症状及病变】

本病阻塞的部位不同，表现的症状也不同。

1. 结肠阻塞

最常见，多发生于大结肠，其中骨盆弯曲部和右背侧结肠最易发生阻塞。轻微到中度的腹痛症状，包括卷唇，做撒尿状，翻滚，频频回望腹侧，心跳轻微加快；排粪变少、变干且变硬，表面被覆黏液；精神沉郁，食欲减退或废绝；黏膜粉红，呼吸数和体温正常或略增；机体脱水；易继发肠臌气，严重者可致肠破裂；肠音弱或无；直肠检查发现直肠内粪便少或无。小结肠阻塞通常可在腹后部探查到小的结粪。左结肠一般易在右背侧处阻塞，不易探查到，但易发生肠臌气。

2. 盲肠阻塞

不同程度的腹痛，排粪减少，精神沉郁，体温正常，一般无脱水症状；肠音弱，一般在腹部右侧易听到；直肠触诊能摸到硬结物。

3. 回肠阻塞

回肠阻塞较大，结肠阻塞少见，一般常见于有严重寄生虫感染的青年动物和有腹部肿瘤的老年动物。绦虫能导致这种情况的发生，一般是由于绦虫引起肠套叠梗阻。临床上一般表现为严重腹痛，心动过速，体温正常或略高，排便减少，食欲减退，腹部扩张，脉搏不规则，强度减弱，结膜发绀，严重的虚脱死亡。直肠检查触及肠臌气和近端小肠的环状液体、盲肠底部硬的结粪及直肠内少量或没有粪便。

【治疗】

1. 疏通肠道

它是治疗肠便秘的根本措施。疏通的方法主要有内服泻剂，深部灌肠和直肠按压等。

（1）内服泻剂。缓泻用8%硫酸镁或6%硫酸钠水溶液6～10升，液体石蜡油或植物油500～1 000毫升，鱼石脂15～20克，75%酒精50～100毫升，一次灌服。

（2）深部灌肠。用大量微温的0.9%氯化钠溶液，直肠灌入。用于大肠便秘，可起到软化粪便、兴奋肠管、利于粪便排出的作用。

（3）直肠按压。通过直肠按压的方法，将阻塞物弄碎，对小结肠、骨盆曲便秘有效。

2. 镇痛

可用氟尼辛葡甲胺1毫克/千克，肌内或静脉注射。

3. 减压

当继发胃扩张时，应及时导胃排出胃内容物。

4. 强心补液

可选用 5% 葡萄糖注射液、10% 葡萄糖注射液、0.9% 氯化钠注射液或复方氯化钠注射液，静脉注射，连用 3~5 天。强心可选用安钠咖注射液。保护心脏可选用维生素 C 注射液和维生素 B_1 注射液等药物。

三、肠臌气

肠臌气又称肠膨胀，临床上以病程短急、腹围急剧膨胀、剧烈而持续腹痛为特征。

本病多见于大家畜，如马、驴、骡，多见于夏秋季节，主要是由于采食了大量易发酵的幼嫩青草、嫩苜蓿、豆类精料等，或采食冰冻、发霉腐败的草料引起。尤其是饥饿后采食过急，咀嚼不充分，或由舍饲突然改为放牧，更易发生肠膨胀。

【典型症状及病变】

肠臌气在临床上可分为原发性和继发性。

1. 原发性肠臌气

多在采食后 2~4 小时发病，初期呈现间歇性腹痛，但迅速转为剧烈的持续性腹痛；病畜时起时卧，滚转，腹围很快膨大，腹壁紧张，肷部展平或稍隆起；腹部叩诊呈鼓音；可视黏膜高度充血或发绀，呼吸高度困难，呈胸式呼吸；病初口腔湿润，肠音高亢并带金属音，排粪频数，每次排出少量稀软粪便，并有气体排出；随着病情发展，口腔变干燥，肠音减弱或消失，排粪、排尿停止。

2. 继发性肠臌气

先有原发病症状，通常经过 4~6 小时后才出现腹围增大、呼吸困难等肠臌气症状。若解除原发病，肠膨胀症状则迅速消失，若原发病不愈，即使穿肠放气，也会在短时间内复发。在急性肠臌气过程中，因肠管极度胀满，在滚转或突然摔倒时，可因腹内压急剧增高而引起肠破裂或膈破裂。

【治疗】

采用理气消胀，镇痛解痉，健胃消导，清肠制酵和强心补液等综合治疗措施，并需加强护理。

1. 理气消胀

水合氯醛 15~25 克+樟脑粉 4~6 克+酒精 40~60 毫升+乳酸 10~20 毫升+松节油 10~20 毫升+常水 500~1 000毫升。混匀后，一次灌服。

2. 镇痛解痉

可用氟尼辛葡甲胺 1 毫克/千克，肌内或静脉注射。

3. 健胃消导，清肠制酵

促进胃肠蠕动可选用毛果芸香碱 20~50 毫克或新斯的明 10~20 毫克，皮下注射；缓泻止酵可用 8%硫酸镁或 6%硫酸钠水溶液 6~10 升，液体石蜡油或植物油 500~1 000毫升，鱼石脂 15~20 克，75%酒精 50~100 毫升，混匀，一次灌服。

4. 强心补液

可选用 5%葡萄糖注射液、10%葡萄糖注射液、0.9%氯化钠注射液或复方氯化钠注射液，静脉注射，连用 3~5 天。强心可选用安钠咖注射液。保护心脏可选用维生素 C 注射液和维生素 B_1 注射液等药物。

四、直肠脱出

直肠脱出是指直肠的一部分或大部分外翻转脱垂于肛门外。如果仅直肠末端黏膜脱出，称为脱肛。

常发生于长期便秘、腹泻，慢性咳嗽，分娩努责，久卧不起，或刺激性药物灌肠后。

【典型症状及病变】

临床上，首先表现的是脱肛，脱出的直肠末端黏膜呈暗红色，半球状，表面有轮状皱褶，中央有肠道的开口，初期常能自行缩回。如果脱出的黏膜发炎、水肿，体积增大，则不易回复原位。直肠脱出常常继发于脱肛之后，表现为直肠壁，体积大，呈圆柱状，由肛门垂下且向下弯曲，往往发生损伤、坏死，甚至由于直肠壁破裂而引起的小结肠脱出。

【治疗】

1. 整复脱出物

对新发病例，应用高渗盐溶液，将脱出的肠黏膜清洗，热敷，然后缓慢地将其还纳于肛门内。

2. 固定肛门

还纳的直肠仍继续脱出时，可在肛门周围进行荷包缝合，但要留出两指的排粪口，经 7~10 天即可拆除缝线。如排粪困难，应加强护理，用温肥皂水灌肠，然后将直肠内的积粪取出。

3. 手术切除

对上述方法无效或脱出的直肠发生坏死时，应立即手术切除。

4. 抗菌消炎

可酌情选用氨苄青霉素、阿莫西林或庆大霉素等抗菌药物。

五、消化不良

消化不良又称为胃肠卡他或卡他性胃肠炎，是胃肠黏膜表层发生的炎症，临床上以食欲和口腔变化明显，肠音和粪便异常为特征。

本病多与饲料品质不良，或突然变换饲料有关，也与驴自身状况有关，如牙齿咬合不正、骨软症或寄生虫病等，都可以引起消化不良。

【典型症状及病变】

病驴食欲减退，食量减少，甚至绝食。口腔干燥，口色青白，舌体皱缩，舌面覆盖多量舌苔，口腔恶臭；肠音增强，粪便稀软，内混杂消化不全的纤维素或谷粒；全身症状不明显，体温、脉搏、呼吸变化不大。有些病例可见轻微腹痛，表现刨地喜卧，焦躁不安。

【治疗】

1. 健胃

促进胃肠蠕动可选用毛果芸香碱或新斯的明，皮下注射；也可用胃蛋白酶或胰蛋白酶，内服；或健胃散，加水适量内服。

2. 缓泻消导

可用 8% 硫酸镁或 6% 硫酸钠水溶液 6~10 升，液体石蜡油或植物油 500~1 000 毫升，鱼石脂 15~20 克，75% 酒精 50~100 毫升，混匀，一次灌服。

3. 强心补液

可选用 5% 葡萄糖注射液、10% 葡萄糖注射液、0.9% 氯化钠注射液或复方氯化钠注射液，静脉注射，连用 3~5 天。强心可选用安钠咖注射液。保护心脏可选用维生素 C 注射液和维生素 B$_1$ 注射液等药物。

六、流产

流产是指胚胎或胎儿与母体的正常关系受到破坏，而使妊娠中断的病理现象，可以发生在妊娠的各个阶段，但以妊娠早期较为多见。

在生产实践中，多因饲养管理、役用不当、外力损伤及医疗错误等引起流产。另外，很多病原微生物都可以引起妊娠驴的流产，如沙门氏菌、马疱疹病毒1 型（EHV）、布鲁氏菌、李氏杆菌病等。

【典型症状及病变】

在临床上，可将流产分为隐性流产、排出不足月的活胎儿、排出死亡而未经变化的胎儿和延期流产四种类型。

1. 隐性流产（胚胎消失）

这主要是在妊娠早期胚胎死亡、液化而被吸收的一种流产。有时死亡的胚胎在排出时未被发现，因为这种流产无明显症状和不易发现，因此称其为隐性流产。

2. 排出不足月的活胎儿

这类流产的预兆及过程与正常分娩相似，胎儿是活的，但未足月即产出，所以也称早产。早产胎儿如果距分娩时间较近，并有吮乳反射则有救活的希望，但必须保温、人工哺乳以及精心护理。

3. 排出死亡而未经变化的胎儿

胎儿死亡后，母体于数天之内将死胎及胎衣排出，也称为死产。

4. 延期流产（死胎停滞）

胎儿死亡后由于阵缩微弱，子宫颈口未开放或开放不大，死后长期滞留于子宫内，称为延期流产，包括胎儿干尸化和胎儿浸溶。发生胎儿浸溶时，可以引起腹膜炎、败血症或脓毒血症而导致怀孕动物死亡。直肠检查可诊断是胎儿干尸化还是胎儿浸溶。

【治疗】

应确定属于何种流产以及妊娠能否继续进行，在此基础上再确定治疗原则。对于传染性流产，要注意隔离和消毒，针对不同的病原实施治疗。

（1）如流产症状出现，但妊娠还能继续，处理原则为安胎。可肌内注射孕酮50~100毫克，每日或隔日一次，连用数次；给予镇静剂，如溴剂、氯丙嗪等；禁止阴道检查，尽量控制直肠检查，以免刺激怀孕驴。

（2）如流产已发生，应详细调查，分析原因和饲养管理情况，疑为传染病时应取羊水、胎膜及流产胎儿的胃内容物进行检验，并确定流产原因。同时，应深埋流产物、消毒污染场所。对胎衣不下及有其他产后疾病的，应及时治疗。

七、难产

难产是指由于各种原因在分娩时，胎儿不能由产道顺利产出即为难产。作为母畜分娩期的一种严重疾病，如处理不及时或处理不当，可能造成母畜及胎儿的死亡，即使母畜存活下来，也常常发生生殖器官疾病，导致繁殖障碍。

根据发病原因，难产可分为产力性难产、产道性难产和胎儿性难产三种类型。

1. 产力性难产

由于营养不良、疾病、疲劳、分娩时外界因素的干扰等，使孕畜产力减弱或不足，阵缩及努责微弱，阵缩及破水过早，或子宫病等会造成产力性难产。

2. 产道性难产

可因子宫捻转，子宫颈狭窄，双子宫颈，阴道及阴门狭窄，软产道肿瘤，骨盆狭窄等引起。

3. 胎儿性难产

原因有胎儿过大，胎儿畸形，更多见的是胎势、胎向、胎位异常，如头颈侧弯，头颈捻转，肩部前置，肘关节屈曲，坐骨前置，横向胎位等。

【典型症状及病变】

1. 产力性难产

分娩征兆具备，子宫颈口开张；在阴道或子宫颈口可摸到胎儿，胎儿存活；母畜不努责或努责无力，努责次数少，时间短，力量弱，久不见胎儿排出。

2. 产道性难产

母驴产道狭窄，不安和腹痛，刨地、起卧、出汗、少食或不食、滚转、拱腰、努责；母畜经较长时间的强烈努责而未见胎儿或胎膜露出阴门。阴道检查时，发现骨盆狭小或畸形，在子宫颈或阴道内可摸到胎儿的一部分（骨盆狭窄或畸形）；或子宫颈硬而缺乏弹性，子宫颈口仅轻微开张（子宫颈狭窄）；或阴道壁出现放射状皱褶，子宫颈虽柔软却不开张，手无法进入子宫（子宫扭转）。

3. 胎儿性难产

母畜剧烈努责，胎儿的一部分进入产道或露出阴门外，但始终不能产出胎儿。阴道检查时发现，胎儿不是以正常姿势进入产道（正生时两前肢伸直，头颈置于两前肢之上进入产道；倒生时两后肢伸直进入产道）或姿势正常但胎儿过大塞满产道。

【治疗】

难产的治疗原则是尽可能保全母子生命和避免母畜生殖道的损伤和感染，因此，在难产处理时，要根据不同的类型采取相应的治疗措施。

（1）对于产力性难产，采用缩宫素或脑垂体后叶素静脉注射或肌内注射，以增加产力，促进胎儿排出。如母畜体质过差，可将上述药物加入25%葡萄糖溶液50~100毫升内静脉注射。

（2）对于产道性难产，要根据不同情况采取不同的措施。

①骨盆狭窄或畸形。因母畜不再适宜做种用，在胎儿存活时，及早采用剖腹助产。如胎儿已死亡，可采用截胎术将胎儿分解后取出。

②子宫扭转。首先确定扭转的方向，然后将母畜向扭转的相反方向急速翻转，待子宫复位后，再把胎儿拉出。如不能复位，及时进行剖腹助产术。

③子宫颈狭窄。可用0.5%普鲁卡因子宫颈分点注射后，人工扩开子宫颈将胎儿拉出。如不成功，及早进行剖腹助产术。

（3）对于胎儿性难产，先摸清胎儿异常状况，再根据具体情况进行处理。胎儿过大时，采用产道灌注润滑剂后强行拉出胎儿的办法。如无效，可施行截胎术或剖腹助产术。胎位、胎向、胎势异常时，先将胎儿推回子宫矫正胎位、胎向和胎势后，再将胎儿徐徐拉出。无法矫正时，采用剖腹助产术或截胎术取出胎儿。

八、子宫内膜炎

子宫内膜炎为子宫内膜的急性炎症，常发生于分娩后的数天之内，如不及时治疗，炎症易于扩散，引起子宫浆膜或子宫周围炎，并常转为慢性炎症。

本病常见的原因是发情鉴定和人工授精时，由于消毒不严格造成感染所致。另外，阴道炎、子宫颈炎、子宫复归不全，多伴发此病。

【典型症状及病变】

母驴发情不正常，或是正常发情但不易受胎，有时即使怀孕，也容易发生流产。母驴常从生殖道排出炎性分泌物，特别是发情时流出较多。阴道检查时，可发现子宫颈阴道部黏膜充血、水肿、松弛，子宫颈口略开张而下垂，子宫颈口周围或阴道底常积存炎性分泌物。重剧病例，有时伴有体温升高，食欲减少，精神不振等全身症状。各种慢性子宫内膜炎按炎症性质可分为黏液性、黏液脓性及化脓性子宫内膜炎。

【治疗】

本病的治疗原则是提高母驴抵抗力，抗菌消炎及恢复子宫机能。

（1）为了促进子宫收缩，排出子宫腔内容物，可静脉注射或肌内注射 50 国际单位催产素，也可注射麦角新碱或类似药物，但应禁止应用雌激素，因其能加速子宫的血液循环而增加细菌毒素的吸收。

（2）冲洗子宫。可用 0.1% 高锰酸钾（也可用 0.1% 雷佛奴尔或生理盐水或 0.05% 新洁尔灭）1 000～2 000 毫升冲洗子宫，排尽消毒液后，用庆大霉素 40 万～80 万单位+甲硝唑 1.0～2.0 克，溶入 500～1 000 毫升生理盐水中注入子宫。

（3）注射广谱抗菌药物。如庆大霉素+甲硝唑、哌拉西林+甲硝唑、头孢噻呋或头孢噻呋+甲硝唑、氨苄青霉素+舒巴坦、阿莫西林+克拉维酸钾、氟苯尼考、氟喹诺酮类（如恩诺沙星或环丙沙星）+甲硝唑、土霉素或四环素等。

（4）中药治疗。益母草、当归各 60 克，赤芍、香附各 25 克，丹参、桃仁各 30 克，青皮 20 克。用法：共研为末，开水冲调，侯温一次灌服，每天一剂，连用 3 天。

第七章　驴产品加工技术

第一节　驴的屠宰加工与检验

驴经过宰前管理、击晕、刺杀放血、掏除内脏、劈半等处理，最后加工成胴体的过程称为驴屠宰加工。这是产品加工的基础，也被称为初加工。优质原料肉不仅与驴本身体况有关，在很大程度上还与屠宰加工的处理有关。

一、宰前检疫与管理

驴的宰前检疫与管理是保证肉品卫生质量的重要环节之一，不仅可以防止肉品污染、传染，还可以提高肉品卫生及品质。通过宰前检疫，可以初步的判断其健康状况，尤其对防止传染性疾病传播方面可以做到及早发现、及时处理、减少损失，避免食源性感染。合理的宰前管理，如禁食等对提高肉的品质具有重要作用。

（一）宰前检疫

1. 入场检验

运载到屠宰场的驴，在未卸车之前，由兽医检验人员向押运人员索阅《动物检疫合格证明》和《动物及动物产品运载工具消毒证明》，核对驴头数，了解途中死亡情况。如检疫证明上表明产地有传染病疫情，或运输途中患病、死亡数量较多的情况时，视不同情况对这批驴采取相应的紧急措施，按照"屠宰牲畜及肉品卫生检疫规程"分别处理。

经过核查正常时，允许将驴从卸驴台卸下并赶入预检圈休息。同时兽医人员应配合熟练工人逐头观察牲畜外貌、步态、精神状态，如发现异常时，应立即隔离，待验收后详细检查，或急宰或进一步检查。检验正常的驴赶入预检圈，需要分批、分地区、分圈饲养，不可混杂。进入预检圈的驴应先饮水，2~4小时后逐头测量体温，再详细检查精神等状态，正常的驴可以转入健康驴饲养圈，并按照肥瘦、年龄等饲养。

经过预检的驴在饲养圈休息24小时后，再测量体温，并进行外貌等检查，正常的驴可以送往屠宰间进行待宰。一般入场饲养圈与待宰圈之间的距离要大于50米。

2. 宰前检疫

待宰期间再次对驴进行检查，常用检查方法常遵循"动、静、食"的观察原则，结合"看、听、摸和检"的4个步骤，查看行走步态、精神、外貌、呼吸、眼鼻分泌物及粪便等是否正常，如上述特征有异常，应挑出置圈外检查。一般经过观察后确定正常的驴，再统一进行体温测量，必要时检查脉搏和呼吸次数等指标。发现患有疑似疫病的，隔离观察，确认无异常的，准予屠宰；出现异常的，按《中华人民共和国动物防疫法》等相关规定处理。屠宰前1小时，按《马属动物产地检疫规程》（农医发〔2010〕20号）中"临床检查"部分实施检查。

3. 病驴处理

宰前检疫时发现病驴，要根据疾病的性质、病势的程度等采取禁宰、急宰和缓宰等相应的处理。

（1）禁宰。发生重大动物疫病、人畜共患病的，按照农业农村部相关规定处理。如经检查，确诊为流感、马鼻腔肺炎、马鼻疽、马流产沙门氏菌、炭疽等传染性疾病的病驴，采取不放血捕杀法。驴肉等不得食用，用于深埋或焚烧销毁。其同群全部驴，立即测量体温，体温正常者在指定地点屠宰，并认真进行在线检验；体温不正常者采取隔离观察，确诊为非恶性传染病才可以进行屠宰。

（2）急宰。濒临死亡并确认为无碍于肉食安全且检疫合格的驴，视情况进行急宰。

（3）缓宰。经检查确认为一般性传染病，有望治愈的驴，或者患有疑似传染病而未确诊的驴应进行缓宰。

4. 宰前检疫结果处理

符合《马属动物产地检疫规程》的，准予屠宰；濒临死亡的驴并确认为无碍于肉食安全且检疫合格的，视情况进行急宰。不合格的，按以下规定处理。

（1）发生重大动物疫病、人畜共患病的，按照农业农村部相关规定处理。

（2）怀疑患流感、马鼻腔肺炎、马鼻疽、马流产沙门氏菌、炭疽、马瘟、马媾疫等疾病的，按相应疾病防治技术规范或检测标准处理，需要实验室检测的，进行实验室检测，并出具检测报告。实验室检测须由县级以上动物卫生监督机构指定的具有资质的实验室承担。

（3）发现患有以上规定以外疫病的，隔离观察，确认无异常的，准予屠宰；出现异常的，按《中华人民共和国动物防疫法》等相关规定处理。

（4）监督场（厂、点）方对处理病驴的待宰圈、急宰间以及隔离圈等按《畜禽产品消毒规范》（GB/T 16569—1996）进行清洗消毒。

（二）宰前管理

宰前管理是实现动物福利及提高肉品质的重要环节。一般包括宰前休息、宰前禁食、宰前淋浴3个步骤。

1. 宰前休息

验收合格的待宰毛驴赶入待宰圈，休息12~24小时，适当补充饲料和正常供水。对于运输到屠宰场的驴，需要经过适当的休息，以消除运输应激及疲劳等造成的血液循环加速、肌肉组织中血液量增加等生理变化。宰前休息可以减少血液在肌肉中的残留，有利于充分放血，消除驴的应激反应，同时减少驴体淤血现象，提高肉的品质。

2. 宰前禁食

驴屠宰前所进行的停水、停料的处理称为宰前禁食。宰前禁食可以减少肠内容物量，从而减少消化系统血液潴留量，利于放血；同时，宰前禁食还可以减少消化道内容物对胴体的污染，减少微生物残留。

驴的适宜宰前禁食时间为24小时以内，一般宰前12小时禁食、3小时禁水，驴肉品质最佳。

3. 宰前淋浴

宰前淋浴是为了防止驴体表面的毛发等污垢污染胴体，采用淋浴的方式进行清洗。清洗时宜用温水，防止水温过高或过低引起应激。待宰毛驴进屠宰间之前，用35℃左右温水进行淋浴，水压不宜过大，人工辅助清理、冲洗，去除粪便、饲草等体表污物。

二、屠宰加工工艺

屠宰工艺对驴肉品质和宰后驴肉损耗影响巨大，主要包括致昏、放血、剥皮、掏除内脏、胴体处理等工序。

1. 击晕

击晕即致昏，驴屠宰工艺主要选用采用电击晕（或气动击晕）和锤击致晕（人工操作）2种方法。机械击晕找准前额用机械锤猛击将其致昏，一般小型屠宰场常用这种方法。该方法准确用力，防止致昏不深或重复击打。电击晕是利用带电金属棒直接对准驴前额将其致昏，一般较大规模屠宰场推荐使用这种方法。该击晕方式对机体伤害最小，且具有刺激肌纤维小片化嫩化驴肉的作用。

击晕的位置准确把握对致昏非常重要，一般需要对准驴额头中部大脑（大脑的中心位置），此处的大脑最接近头骨表层，且此处的头骨也最薄。额正中位于驴双眼与对侧双耳的交叉点上，击晕位置在该交叉点上方2厘米左右最佳（图7-1）。

2. 放血与血液收集

驴击晕后应立即放血。用链扣扣住昏迷的驴的右后小腿，用提升机将驴均匀提升至适宜高度，吊挂操作要迅速，应在20~30秒内完成。运送到放血池放血，启动运行至沥血池上方。放血方法一般常用颈部刺杀放血法和心脏放血法。一般采用从喉部下刀横切，割断气管、食管和颈动脉血管放血，刺杀放血是在距离驴下颌骨后15~20厘米处，以垂直角度划开深约10厘米、长约20厘米的口子。放血刀在82℃水中消毒，每次轮换使用。心脏放血是用刀（或空心刀保证血液卫生）于右前臂根部以15°的角度插入心脏并将颈部大血管割断，并将刀口扩大，立即抽出刀（血液从空心刀流出）使血液快速的流出并收集。

放血后要求沥血时间不少于3分钟，保证充分放血。

放血要求血管及心脏要找准，入刀稳、准、快。空心刀可以保证血液在封闭

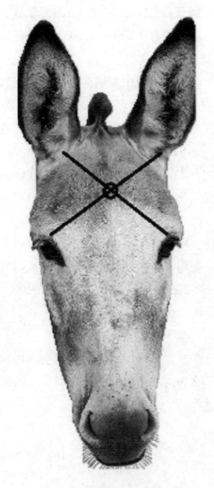

图7-1　驴屠宰机械击晕位置

的环境中采集和收集，保证了血液的质量，同时也减少了血液对胴体的污染。

3. 剥皮

驴沥净血后，沿下颌将驴耳及头皮等剥离暴露头骨，并沿颈椎第一关节将驴头割下。沿蹄甲下方中线把四蹄皮肤挑开并切下四蹄，沿肛门周围雕开肛门并剥离外生殖器部分。随后按照右前腿、左前腿、右后腿顺序将腿部皮肤剥离，调整吊钩挂住左后腿。最后按照颈部、胸部、腹部的顺序将皮肤挑开并拨开5~10厘米的边缘。将四肢及胸腹部皮用绳套夹于剥皮机上，开动机器将皮自后腿开始慢慢剥离，同时用刀辅助，划开剥离困难部位防止损失驴皮，做到皮张完整、无破裂，皮上不带膘肉。驴皮剥下后置于晾皮架上沥干水分备用。

4. 掏除内脏及内脏处理

剥皮后的驴体，自肛门部起沿腹中线纵向刨开，掏出胃肠、脾脏、胰脏和膀胱等白脏通过传递窗到内脏处理间处理。再划开横膈肌将心肝肺等红脏一起掏出，置于周转筐中待检处理。肾脏吊挂于背部，按照左肾在前、右肾在后找到并连同肾上腺一起割下。

驴草食后消化道特性，白脏掏出经检查后尽快处理（2 小时之内），防止微生物的过度发酵胀气造成结肠和盲肠发黑或胀破现象。

5. 胴体劈半

掏出内脏后的驴胴体，用符合饮用水标准的清水残血并降温，随后按照四分或二分方式将胴体分割。先用电锯沿盆骨正中将驴体从盆骨、腰椎、胸椎、颈椎将分成两片，再从第 1、第 2 腰椎处横向截断，形成四分体。将驴体从胸腰椎结合处用电锯前后据开，形成二分体。

6. 修整

劈半后的胴体修割干净放血口周围的血污，用清水再次全面刷洗，主要把残留的毛、血、肉上的附作物等清洗掉。同时还可以快速的降低胴体温度，控制微生物的滋生及氧化变质进程。

三、宰后检验

1. 活驴宰后检疫流程

实行同步检疫，对头（下颌部）、胴体、内脏在流水线上编记同一号码，以便核对。

2. 体表检疫

重点检查炭疽、鼻疽、鼻腔肺炎等典型病变。

（1）观察可视黏膜是否苍白，眼睑是否出现水肿、黏性或脓性渗出物，鼻腔、喉头是否出现充血、弥漫性出血或坏死。

（2）颜面、体表是否有肿块、水肿、出血及坏死等，颌下、颈下、腋下和腹股沟等体表淋巴结是否肿大，注意有无砖红色出血性、坏死性病灶。

3. 内脏检查

取出内脏前，观察胸腹腔有无积液、粘连、维生素性渗出物。

（1）检查心包是否积液，切开心包膜，检查心内外膜是否有出血点，检查心肌是否有出血点。

（2）视检肺脏是否淤血、出血及水肿，是否出现肝样病变。

（3）检查肝表面是否出现灰白色坏死灶、白色病灶、黄白色结节及水泡样病灶，肝脏是否肿大、充血、坏死、胆囊是否肿大。

（4）检查脾脏是否肿大，色泽是否正常，是否出血。

（5）检查肾脏是否淤血、肿大，表面是否有出血点。

（6）视检胃、肠内容物充盈状况，浆膜是否充血、出血，肠系膜淋巴结是否肿大，必要时可以剖检胃肠，检查黏膜是否出现充血、出血、淤血或脱落，检查肠壁上是否出现黄白色结节、化脓或坏死等。

4. 胴体检疫

（1）检查有无马流感、马鼻腔肺炎、马鼻疽、马流产沙门氏菌、炭疽、马瘟、马媾疫等疾病临床症状。

（2）外观检查。开膛前视检皮肤；开膛后视检皮下组织、脂肪、肌肉及胸腔、腹腔浆膜。检查有无充血、出血及疹块、黄染、脓肿和其他异常现象。

（3）淋巴结检查。剖检肩前淋巴结、腹股沟淋巴结、股前淋巴结、必要时剖检髂外淋巴结和腹股沟深淋巴结（髂下淋巴结）。检查有无淤血、出血、水肿、坏死、增生等病变。

5. 肌肉检查

检查肌肉是否有条纹状或斑点状出血、化脓或坏死等病变。

6. 复检

上述流程结束后，检疫员对检疫情况进行复检，综合判断检疫结果，并监督检查甲状腺、肾上腺和异常淋巴结的摘除情况，填写宰后检疫记录。

7. 结果处理

（1）合格的，由官方兽医出具《动物检疫合格证明》，加盖检疫验讫印章，对分割包装肉品加施检疫标志。

（2）不合格的，由官方兽医出具《动物检疫处理通知单》，并按以下规定处理。

（3）发现重大动物疫病或人畜共患病的，按照有关规定处理。

（4）发现患有马流感、马鼻腔肺炎、马鼻疽、马流产沙门氏菌、炭疽、马瘟、马媾疫等疾病时，按照有关规定处理。

（5）发现患有（4）规定以外疫病的，监督场（厂、点）方对病驴胴体及副产品按《病死及病害动物无害化处理技术规范》（农医发〔2017〕25号）处理，对污染的场所、器具等按规定实施消毒，并做好《生物安全处理记录》。

（6）监督场（厂、点）方做好检疫病害动物及废弃物无害化处理。

8. 检疫记录

（1）官方兽医应监督指导屠宰场（厂、点）做好检疫病害动物及废弃物无害化处理。

（2）官方兽医应做好入场监督查验、宰前检查、宰后检疫等环节记录。

（3）动物检疫合格证明存根及检疫记录应保存2年以上，检疫相关电子记录应当保存10年。

9. 疫情报告

检疫员在屠宰检疫各个环节发现动物疫情时，按《动物检疫管理办法》规定向畜牧兽医行政管理部门报告。

第二节　驴肉加工技术

一、驴肉香肠的加工

驴肉腊肠是以鲜驴瘦肉和肥肉为原料，添加食盐、亚硝酸盐（或硝酸盐）、白酒、糖、味精等辅料经过切丁、腌制、灌肠、烘干、风干成熟等工序制作而成的生肉制品。

（一）驴肉腊肠制作工艺流程

原料肉选择→修整→切丁→拌馅→滚揉腌制→灌装→排气→轧结→洗肠→烘烤→风干成熟→成品。

（二）驴肉腊肠质量控制

1. 原料选择与修整

驴肉香肠是以驴瘦肉及驴肥肉为原料肉，一般瘦肉以腿肉和臀肉最好，肥肉以背部或胸侧膘为好，腿膘次之，不得使用耆甲部、颈部和项部的鬃毛附着部脂肪。原料肉经过修整，去掉筋、腱、碎骨和残留皮。

原料肉质量的好坏直接影响产品的质量，宜挑选新鲜驴肉。新鲜驴肉制成的腊肠色泽鲜亮、风味醇正。

2. 配料

根据产品要求，配制合适的配方。因驴肉肌红蛋白高的特点、驴肉腊肠一般适宜制作色泽要求高的广式腊肠。多用配方：驴瘦肉 90 千克、肥肉 10 千克、精盐 2.5 千克、砂糖 5 千克、白酒 2.5 千克、白酱油 5 千克、硝 50 克。

3. 切丁及水洗

根据瘦肉脂肪、水分含量及产品肉粒大小，确定原料肉切丁大小，一般瘦肉用绞肉机用 0.4~1.0 厘米的筛板切碎，肥肉切成 0.6~0.5 厘米大小的肉丁。肥瘦肉分开存放，肥肉切丁后用温水（40℃左右）清洗一次，捞入筛内，沥干水分待用。

肥肉丁大小为瘦肉的 1/3~1/2，这样瘦肉风干缩水后大小与肥肉相似，产品表面均匀。切丁过程中肥肉脂肪受热融化、脱落造成肉粒粘连，水洗可以除去浮油和杂质，使肉粒均匀分散。水洗温度过高则造成脂肪损失加大、温度太低则脱落的脂肪难以清洗彻底而造成肉丁分散不均。

4. 滚揉、腌制

配料称好后倒入容器中，用白酒、料酒、白酱油等液体使其充分溶解（必要时加入少量清水），使混合料液冷却至 15℃以下。切好的肥肉用少量料液搅拌均匀后置低温腌制；瘦肉粒倒入剩余料液中，并立即放入真空滚揉机中滚揉 1~2 小时。

滚揉时间过长造成肉粒升温、脂肪融化附着在瘦肉表面影响产品色泽；反之则起不到滚揉的目的。

5. 灌装

肠衣一般根据产品粗细要求进行选择，一般直径为 2 厘米左右，多用盐渍小肠衣。肠衣需用清水湿润并水洗，最后再用温水灌洗一次，洗去盐分后备用。每 100 千克肉馅需 2~3 厘米直径的小肠衣 30 米。肠衣套在灌肠筒上，末端打结后将肉馅均匀地灌入肠衣中。

肠衣浸泡时间以弹性完全恢复为准。灌制时要掌握松紧程度合适，防止过紧撑破肠衣、过松晾晒时出现滴水现象。

6. 排气

肠衣灌完后将湿肠整根呈心形盘放，用间隔 2~3 厘米的排气针扎刺湿肠，翻转另一面同样扎刺。

扎刺是排除内部空气及多余水分，防止烘烤及晾晒时肠衣破裂，同时加快肠烘干及晾晒时的水分蒸发速度。

7. 捆线结扎

排完气的湿肠，每隔 20~25 厘米用细线结扎 1 次，不同规格长度也不同。每隔 3~5 段轧结肠用绳吊一下，以备晾晒和烘烤时用。

轧结长度太大，易形成水滴状的成品。吊挂长度太大，则易撕裂肠衣导致断肠等。

8. 漂洗

轧结好的湿肠用 40℃ 左右温水清洗表面，沥干水分后移至烘箱。温水可以除去附着油腻杂质，使肠身色泽鲜亮。

9. 烘烤和成熟

漂洗好的湿肠均匀的吊挂在烘箱中按照 60℃→50℃→40℃ 分别烘烤 40 分钟、2~4 小时和 12~48 小时的程序烘烤。然后置于 10~15℃ 的环境中成熟 20~40 天即为成品。

烘烤起始温度高可以快速将表面水分烘干，防止微生物滋生引起变质，随后程序烘烤可以避免表面水分蒸发太快而干结，影响后续水分蒸发及成熟。驴脂肪不饱和程度高，烘烤温度过高或时间过长会引起脂肪融化而附着在瘦肉表面，使腊肠失去光泽；温度过低则难以干燥。因此，必须严格控制烘烤温度。烘烤终点以用手捏，肠内部无明显松软为宜。

成熟室宜通风、阴凉、干燥，防止腊肠腐败变质；成熟期间应定期翻动吊挂腊肠，使其均匀干燥。一般经过 2~3 昼夜的烘烤，在低温成熟室里放置 20~40 天即可达到产品要求，但会因环境微生物的种类及数量、温度高低等而有所不同。成熟温度过高则易引起脂肪氧化及微生物滋生、温度太低则成味困难。

在烘烤和成熟过程中有胀气处应针刺排气，防止因大面积胀气而引起肠衣与内容物分离的现象影响感官。

10. 贮藏

腊肠在10℃以下可保存1年以上，也可悬挂在通风干燥的地方保存。如选用真空包装等工艺，产品的保存期更长。

（三）驴肉腊肠外观和感官要求

1. 色泽

肥肉呈晶莹的乳白色，瘦肉呈鲜红、枣红、紫红或玫瑰红色，红白分明，有光泽。

2. 组织及形态

肠体干爽，呈完整的圆柱形；表面有自然皱纹，无较大凸起肉块；断面组织紧密。

3. 风味

咸甜适中，鲜美适口，醇香浓郁，腊香明显，食而不腻，具有广式腊肠的特有风味。

4. 内容物

为肥瘦相间的驴肉，不得含有淀粉、血粉、豆粉及其他异物。

二、驴肉卷加工技术

驴肉卷是以鲜驴瘦肉和肥肉为原料，添加或不添加辅料经过滚揉、装模、速冻、切片等工序制作而成的用以水煮涮食的生肉制品。

肉卷最早以牛、羊肉为主，现在猪肉、鸡肉等畜禽肉卷涮食的市场越来越大。驴肉因其理化及营养特性，随着驴产业的快速发展逐渐进入到餐桌。驴肉卷的制备因其肌肉纤维比牛肉细、肌浆容易外溢等特点，需要独特的制作参数。

（一）制备工艺流程

原料肉选择→修整→滚揉按摩→装模→速冻→脱模→切片

（二）驴肉卷质量控制

1. 原料肉的选择与修整

驴肉卷是以驴瘦肉及驴肥肉为原料肉，一般瘦肉以腿肉和臀肉最好，肥肉以背部或胸侧膘为好，腿膘次之，不得使用耆甲部、颈部和项部的鬃毛附着部脂肪。瘦肉先剔除筋、腱、膜、碎骨及残次。然后用刀切成瘦肉 2~3 厘米、肥肉 1~2 厘米厚的薄片备用。

原料肉质量的好坏直接影响产品的质量，宜挑选新鲜驴肉。薄片的厚度根据成品的肥瘦比例及色泽要求控制。

2. 滚揉按摩

滚揉是将肉置于滚揉机中通过滚揉机的旋转对驴肉进行拍打、摔打，从而提高肉的嫩度的处理。包括真空滚揉和常压滚揉。空气对加速了肌红蛋白、氧合肌红蛋白直接的转化，从而影响肉的颜色，所以驴肉宜选用真空滚揉方式。

将切好的瘦肉片按照 50% 的装满系数倒入滚揉机中。按照肉水比（10：1）~（15：1）的比例加入干净的冰水，共分 2~3 次加入，滚揉 1.5~2 小时。

滚揉可以提高驴肉的嫩度，防止肉卷入锅后蛋白快速变性形成"老肉"，影响口感。加入冰水可以防止滚揉过程中由于肌肉撕扯导致的升温影响色泽及品质；加水可以稀释可以加速肌浆外溢增加肌肉块之间的黏结性；分多次添加可增强加水效果。

由于驴肉肌纤维较细，在滚揉过程中易于导致断裂，使驴肉卷入水涮食过程中肌纤维糜烂，缺少嚼劲影响口感，因此滚揉时间不宜过长。

3. 装模

装模是将肉按照产品外形、大小等要求，按照一定的肥瘦比例装在规定的模具里的操作。驴肉装模一般是将滚揉嫩化好的驴肉片按照产品外形要求，与肥肉一起按照肥瘦相间的规律装模或打卷。模具大小及打卷粗细要根据冷库的冷却能力而定。

4. 速冻

速冻是将装模的驴肉快速的经过最大冰晶区，使其中心温度达到-18℃及以下的过程，这是保证驴肉卷品质的重要途径。不同大小及粗细的装模驴肉，中心温度达到-5℃以下要求的库温不同，一般选用 1~2 小时之内中心温度达到-5℃以下的冻结速度最佳。

冻结速度决定冰晶对肌纤维的刺破作用，即驴肉卷肌纤维的完整程度，从而影响肉卷在涮食过程中起沫性及絮状沉淀性。这种两种特性对驴肉的营养损失及消费者的感官影响很大。

5. 脱模

脱模是指将冻结好的驴肉从模具中取出的过程。脱模常用方式有热喷式、流水式和自然升温式三种，保证与模具接触部分的驴肉由于受热融化与模具分开。三种方式中，热喷对肉块的影响最小，脱模效果最好，但是能耗大；自然升温法在升温过程中模具与肉块表面同时升温，影响了肉块的质量。生产中常用经过流水的方式快速让模具升温，使肉块与模具分离。

6. 切片

将脱模下来的肉棒或肉块，置于切片机上，切成 0.5 厘米厚的薄片，置于零售容器中再次进行速冻后销售。

第三节　阿胶加工的关键技术

据不完全统计，全国生产阿胶企业有几百家，由于企业规模大小不一、技术水平高低不齐、科学规范程度有别、产品质量差异很大。从总体来看，在传统基础上对阿胶加工要求的更加严格，机械加工更加科学、卫生，工艺程序更加细致、规范，阿胶质量一直高度稳定。现在我们就以东阿阿胶股份有限公司的阿胶加工工艺来讲述一下阿胶是怎样炼成的。

一、阿胶的加工工艺

选择整张驴皮，采用泡皮池、转鼓或其他设施设备进行泡皮回软，用饮用水将驴皮浸泡至胶质层吸水膨胀，皮色发白、柔软，用饮用水将浸泡后的驴皮清洗干净，洗净的驴皮除去驴毛及内层附着的油、肉；将驴皮切割成适宜大小的皮块，将皮块置于蒸球化皮机内（或其他适宜容器），加适量的食用碳酸钠，用热水进行焯洗，焯洗完成后用水反复冲洗至冲洗水清澈，进一步去除油脂等热溶性杂质；精制后的驴皮加水煎取胶汁，提取后的胶汁依次通过过滤筛网、双联过滤器、脱汽罐、过滤罐，实现胶汁分离，完成初步净化，再按顺序加入冰糖溶液、豆油、黄酒等辅料，与胶液混合均匀。将胶液与辅料的混合液进行浓缩，浓缩至胶液挂旗时，停止加热，塌锅，出胶至胶箱内。出胶后，胶膏在室温下冷凝，冷冻后的胶坨称重，切制成规定规格的胶片，灭菌后的擦胶布用热纯化水洗过后，包住胶块两大面，将胶块六面擦光、擦亮，拉出直纹，将擦好的胶块晾至表面不粘手后，印上要求的文字及图案，将印字后的胶块烘干，备用。

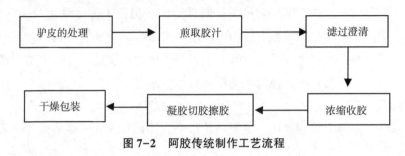

图7-2　阿胶传统制作工艺流程

二、阿胶加工中的关键技术

（一）驴皮的真伪鉴别

近年来，DNA分子标记鉴定驴皮真伪技术、核磁共振（NMR）代谢组学技术、RAPD分析方法、细胞色素B基因PCR-RFLP方法等现代科学技术已逐步应用到驴皮性状鉴别工作中，以上技术能有效鉴别驴皮真伪，但检验成本高、周期长、操作较复杂。

现介绍一种简单可行，快速便捷，易操作，结论可靠的驴皮鉴别方法，供参考。

整张驴皮具有的特征：略呈长方形，驴头皮较长，耳大且较宽，耳长12~25厘米，耳内侧灰白色或血红色，较光滑。躯干皮长80~160厘米，宽为55~140厘米；四肢对称生长于躯干两侧，长40~60厘米，宽10~20厘米，腿表面有横斑；外表皮被毛细短，有纯黑色、皂黑色、灰色、青色、栗色等，但多为灰色或黑色，除黑色或其他深色外，多数中间有一暗黑色背线，肩膀部有暗黑色肩纹，略似十字形（俗称"鹰膀线"）；多数后腹部两侧无毛旋，及少数有毛旋，且不明显，腹部多呈灰白色。尾部呈圆锥形，基部直径为2~5厘米，尾长为28~46厘米，从尾根部约总长的3/4处有短毛，尾梢部的1/4处有少量长毛。腿皮窄长，前腿上部的内侧皮内有无毛斑块（附蝉），多呈圆形或椭圆，呈黑色。

驴皮物理鉴别

1. 手试法

用手揭之，驴皮不易分层，强力撕开后分层处呈网状；而马皮、骡皮易分层，分层处呈片状。

2. 水试法

用开水烫之，驴皮易脱毛；而马皮、骡皮不易脱毛。

3. 火试法

用剪刀剪下一小块皮，置火焰上燃烧，驴皮可闻到较强的腥味，驴皮质量越好，腥味越大；而马皮、骡皮燃烧时腥味小，焦臭味强。

（二）驴皮贮存的关键技术

驴皮皮料的贮存无论是长期贮存还是短期贮存，最根本的目的是使皮料干燥防腐。下面介绍几种驴皮贮存方法。

晒干法。采用晒干法应注意以下几点：所晒皮料要均匀单张摊开，不要重叠，以免影响皮料的干燥速度；晒皮场地要求整洁宽敞，空气流通，场地上不应有石块、沙砾等杂物。晒干法的缺点是：晒干的皮料不易回软，即使浸软也达不到原有皮料的膨胀丰满程度。给工艺操作带来麻烦，也影响到出胶率和胶的质量。

冷藏法。该法是以在低温时细菌和霉菌的活动停止为基础，从而达到防腐的目的。方法与肉类食品的冷藏相同，一般分速冻和冷藏两步，首先将鲜皮料置于冷冻盘内送入-20℃的速冻室内，经过一昼夜后，从盘中取出，再将冻成的皮料送入-10℃的冷藏室保存。采用冷冻贮存的方法，能够保持皮料的鲜度，贮存时间长，对环境污染小，但因成本高，故在阿胶的生产上很少采用。

腌制法。鲜驴皮的保存方法分为短期、长期保存两种，短期贮存：在室内或雨棚下，无太阳直射、通风、有导水沟，必要时要有地漏或排水沟，用工具把场地打扫干净，并在腌制地面及周围（2米以内）均匀撒上1.0千克/平方米的石灰粉进行消毒，先在地上用粗盐铺成长2米、宽1.6米、厚度为3~5厘米的盐底。将第一张驴皮面向下，肉面向上，平铺在盐堆上，连头、腿都完全展开铺好，然后均匀撒上皮重20%~50%的粗盐，以此类推，堆到70厘米高，将最后一张皮肉面向下，毛面向上，完全展开铺好，然后在毛面均匀撒上皮重的20%~

50%的粗盐。堆置一定时间（气温>20℃时，腌制3~10天，气温在10~20℃时，腌制7~15天，气温为<10℃时，腌制10~20天）务必把血水排干，腌透，常温可保存1月。长期贮存：对腌制场地清扫消毒，切记与一次腌制场地分开，避免血水二次污染，在地上用粗盐铺成长2米、宽1.6米、厚度为3~5厘米的盐底。第一张驴皮面向下，肉面向上，平铺在盐堆上，连头、腿都完全展开铺好，然后均匀撒上皮重10%的粗盐，以此类推，堆到120厘米高，将最后一张皮肉面向下，毛面向上，完全展开铺好，然后在毛面均匀撒上皮重的50%的粗盐，用塑料布等把皮垛全部覆盖，减少皮垛水分流失，注意边角不风干，平时检测垛温变化，超过环境温度3℃，要进行倒垛降温，方法如上。

（三）阿胶加工用水的选择

2012年中国科学院发布东阿水质检测报告，东阿水有七大特征：东阿水含有适量矿物质，适合阿胶炼制，有一定的保健作用；东阿水天然弱碱性水，pH值为7.39；硬度适中达到地下水二类标准；钾元素含量丰富，钠离子含量相对较低；镁元素含量丰富；富含对人体有益的锌、铁、锰等微量元素；东阿地下水偏硅酸含量高，有利于促进胶原合成。

（四）辅料的选择

冰糖：中医认为冰糖具有润肺、止咳、清痰和去火的作用。也是泡制药酒、炖煮补品的辅料。

油类：通常采用花生油，豆油，麻油三种。质量以纯净无杂质的新制油为佳。阿胶中加入油类的目的是降低胶的黏度，便于切胶；且在浓缩收胶时，锅内气泡容易逸散。

黄酒：主要成分除乙醇外，还含有18种氨基酸，黄酒还含有糊精、麦芽糖、葡萄糖、脂类、甘油、高级醇、维生素及有机酸等。此外，黄酒中维生素B_1、维生素B_2、尼克酸、维生素E、锌、镁、硒的含量均较高。阿胶制作过程中加酒的目的是矫臭矫味。同时浓缩出胶前，在搅拌下喷入黄酒，利于气泡逸散。

（五）驴皮处理的关键技术

驴皮处理的过程，包括挑拣、称重、泡皮、去毛、切皮、洗皮、掇皮，以下几点对驴皮的处理起到关键的作用。

泡皮：加水的量为高出驴皮表面10厘米以上（以淹没驴皮为度），浸泡驴皮

5~7天，每天换水1~2次，至皮泡透。特别注意加水量、换水次数和浸泡的时间。加水量不足，会使驴皮泡不均匀，影响以下工序的操作；长时间不换水也会使驴皮腐烂变质。浸泡时间过短，驴皮泡不透，时间过长会使皮质发生腐败现象

切皮：阿胶生产工艺中的切皮，是将泡透去毛的驴皮置于切皮架上，用刀将皮料切成边长为40厘米左右的方块。或将泡透去毛的驴皮置于切皮机内，用切皮机切成规格的小块。皮块不能切得太小，以免造成不必要的物料损失和增加单元操作的负担。

掇皮：将泡透、切块、洗涤的驴皮，投入已清洁的掇皮容器（如蒸球）内，加入一定量的碱面和一定比例的水，通入蒸汽加热，至驴皮打卷时，放出碱液。然后，继续加水，清洗至驴皮洁净为止，备用。掇皮的目的是将驴皮上带有的脂肪及驴皮上皮层的角质成分去掉，以保证阿胶的质量。

脱脂：驴皮中含有少量的脂肪，脂肪对阿胶的生产有严重的危害，由于脂肪的存在，能使阿胶生产工艺过程的反应速度减慢，同时脂肪混入胶液内使之成为混浊不透明的乳浊液，使阿胶的理化指标受到影响，也会使胶内产生孔洞。因此，在整个生产过程中，必须把脂肪予以清除。

（六）胶汁提取的关键技术

提取胶汁的目的在于将驴皮进行分解，提出胶汁，将毛渣、角质层、脂肪层与胶原蛋白分离，便于下一步的阿胶制备。包括三个阶段：即投入原料提取胶汁阶段（提汁）、分离排放出胶汁阶段（过滤）、卸出残渣阶段（出渣）。

影响提取的因素：提取温度、提取时间、加水量是提取工序的三要素，它们的变化将直接决定着阿胶的质量。

（七）浓缩出胶的关键技术

浓缩出胶：将上述胶汁进行初浓后，转入夹层锅中进行续浓，至一定浓度后，进行提沫除杂。加入豆油、冰糖、黄酒，熬至稠膏状，出胶，将稠膏状的胶倒入凝胶箱中，冷凝后，形成凝胶（胶坨）。在此生产过程中，要对胶液进行初步的浓缩，去除细小杂质，并将稀胶液浓缩至规定水分含量，以便凝胶。此生产过程包括初浓、续浓、提沫、加辅料、出胶、冷凝。

胶汁提沫是胶类中药生产过程中较为关键的步骤，提沫的程度直接影响产品的内在质量，传统胶类中药提沫始终采用夹层锅手工提沫的方式，这种方式工人

劳动强度大，处理量少，敞口加热造成操作现场环境较差。目前东阿阿胶股份有限公司的提沫机内壁上安装有测量各种参数的传感变送器，将采集到的包括液位、温度等参数电信号传送至控制系统，实现整个过程自动控温、控压、定时或自动判断加水、定时或自动判断提沫、及胶液周转、过滤等，最终去除杂质，提纯胶液。

提沫机构安装在上罩体上，能实现上下及水平两个方向运动自由度，分别由伺服电机驱动，可随着液面高低变化上下运动，并利用左右运动提取整个液面的沫体，合成运动终端为细目网筐结构，用以兜取沫体并运送到上罩体右侧的废沫处理舱中，通过冲洗回收废沫。

图7-3　智能化提沫机

（八）阿胶剂成型干燥技术

阿胶干燥成型主要包括晾胶及翻胶两个工艺环节。晾胶是胶类产品生产后期最重要的一个环节，胶晾的好坏决定胶类产品的外观质量。在传统生产中，整个晾胶环节包括将切好的胶块依次经过鲜胶区、半干胶区、干胶区的晾制和两次瓦胶整平的过程，整个晾胶周期平均约45天。采用传统方法常出现胶面凹凸不平，打弯、卷角的现象，且长时间风干，胶面也多有裂纹，严重影响胶块的外观质量。翻胶是晾胶过程中的另一个重要工艺环节，翻胶有助于胶块两面水分均匀散失，同时翻胶也是占用人工最多、机械化水平最低的环节，每当胶块晾制 2 天，就需翻胶一次，全部依靠手工翻胶。

为了提升胶类产品的外观质量，提高劳动效率，缩短晾胶周期，东阿阿胶股份有限公司集中对凝胶成型过程进行改造，先后引入了微波干燥技术和自动翻胶技术。

1. 微波干燥晾胶工艺

微波干燥技术原理是基于微波加热作用，是通过胶块中极性分子与微波电磁场相互作用的结果。还具有整平胶块的作用，当胶块受热后，加速了胶块内部水分的散失，同时胶块受热回软，打弯不平、卷角、扭曲的胶块在胶箱内相互的挤压而变得规整。

微波加热的最大特点是，微波是在被加热物内部产生的，热源来自物体内部，加热均匀，不会造成"外焦里不熟"的夹生现象，有利于提高产品质量，同时由于"里外同时加热"大大缩短了加热时间，加热效率高，有利于提高产品产量。微波加热的惯性很小，可以实现温度升降的快速控制，有利于连续生产地自动控制。正是由于胶块内外均匀受热，才避免传统晾制的长时间风干内外水分散失不一造成的裂胶、裂纹现象。

2. 自动翻胶技术

自动翻胶技术是借助机械力使两张相对的胶床瞬间翻转，上下胶床位置对调，原先摆放在下部胶床上的胶块也随之翻转被翻到上部胶床上，移去上部胶床，即实现了一个胶床的翻胶，自动翻胶技术最大的优点即从庞大而又重复的翻胶工作中解放出了大量人工。

通过对胶类产品凝胶成型工程的改造，实现了胶块水分的均匀散失及快速干燥，同时提升了产品外观质量，大大降低了不平整胶块、胶块裂纹的发生率。

第四节　驴奶加工贮存关键技术

由于营养科学与食品科学的提升，全世界对于乳制品的研究越来越广泛、深入。目前世界对牛乳以及羊乳的开发利用相对成熟，对驴奶的研究相对较少，近年来，越来越多的研究发现了驴奶具有更加高效的营养价值，其营养成分是最接近人体母乳，更容易被吸收。驴奶在生长发育、改善肠胃道健康、免疫功能调节、改善脂代谢和促进心脑血管健康等发面均具有有益作用。驴奶对人体是一种高效营养价值与功能性的健康食品，随着功能营养素保全技术的成熟，驴奶粉将成为特殊膳食配方食品重要的原材料。

一、驴奶的营养价值及功效

由于驴奶量少和人们对驴的"偏见"等原因，虽在《本草纲目》和《维吾尔药典》中对驴奶早有记载，但千百年来无人敢于将其广泛利用。现代研究表明，驴奶具有较强的药理功效。

1. 医学专家研究认为驴奶是最接近人乳的乳中珍品
2. 对呼吸道疾病的显著功效
3. 富硒饮品，防癌抗衰老
4. 有效补钙，改善骨质疏松症，强健体魄
5. 高血压患者、糖尿病患者的首选饮品
6. 养颜美容，女士青睐
7. 保肝护胃
8. 补血补气，益肾强筋

二、驴泌乳情况

1头母驴1个泌乳期180天可产乳400~500千克，除哺喂驴驹外，有150~200千克可供加工利用，每千克鲜奶的零售价在120元以上，每千克驴奶粉在2 600~4 500元。

三、新鲜驴奶的加工技术

（一）驴奶特性

驴奶的 pH 值约为 7.1，呈中性。在中性条件下，乳清蛋白中乳蛋白变性温度最低为 62℃，血清蛋白为 64℃，免疫球蛋白为 72℃，乳球蛋白的变性温度为 78℃。在 85℃时，乳清蛋白的变性比乳球蛋白迅速。影响乳清蛋白变性的因素很多，乳糖的存在会提高乳清蛋白的变性温度。基于此状况，驴奶的加工工艺尽量

采取低温方式。

（二）加工方式

1. 巴氏杀菌处理鲜驴奶

采用低温短时巴氏杀菌。常用 76~78℃，15s 杀菌，即可以杀死奶中大部分微生物，也可以使驴奶中的乳清蛋白及溶菌酶得到大量的保存。此加工工艺中原料奶的菌落总数要控制到最少。

2. 采用超高压处理鲜驴奶

超高压可以引起微生物的致死作用，高压导致微生物形态的结构、生物化学反应、基因机制以及细胞壁膜的结构和功能发生多方面的变化，从而影响微生物原有的生理机能，甚至使原有功能破坏或发生不可逆变化。

超高压杀菌原理：高压对细胞壁形态的影响，极高的流体静压会影响细胞的形态。如胞内的气体空泡在 0.6 兆帕下会破裂等。上述现象在一定压力下是可逆的，但当压力超过某一点时，便不可逆了，使细胞的形态发生变化。

超高压对细胞生物化学反应的影响，按照化学反应的基本原理，加压有利于促进反应朝向减小体积的方向进行，推迟了增大体积的化学反应，由于许多生物化学反应都会引起体积改变，所以加压将对生物化学过程产生影响。另外，高压还会引起主要酶系的失活，一般来讲，压力超过 300 兆帕对蛋白质的影响将是不可逆，酶的高压失活的根本机制是：改变分子内部结构；活性部位上构象发生变化。此外超高压还会对微生物基因机制产生影响，主要表现在由酶参与的 DNA 复制和转录步骤会因压力过高而中断。

超高压对细胞壁的影响在于高压下，细胞膜磷脂分子的横切面减小，细胞膜双层结构的体积随之降低，细胞膜的通透性将被改变。超高压杀菌正是通过高压破坏其细胞膜，抑制酶的活性和 DNA 等遗传物质的复制来实现的。

在食品工业上，这正是超高压技术广泛应用于杀菌的重要原因，使高压处理后的食品得以安全长期保存。

生物学的研究表明，在蛋白质的四级结构中，二级结构是由肽链间的氢键来维持的，而超高压的作用有利于氢键的形成。故而超高压对蛋白质一级结构无影响，有利于二级结构的稳定，但会破坏其三级结构和四级结构，迫使蛋白质的原始结构伸展，分子从有序而紧密的构造转变为无序而松散的构造，或发生变化，活性中心受到破坏，失去生物活性。但蛋白质或酶经高压后，其疏水结合及粒子结合会因体积的缩小而被切断，于是立体结构崩溃而导致其变化。当压力较低（100~200 兆帕）时，蛋白质和酶的变化是可逆的；当压力较高（超过 300 兆帕）时，蛋白质和酶的变化是不可逆的，即蛋白质的永久变性和酶的永久性失活。高压还可以破坏蛋白质胶体溶液，使蛋白质凝集，形成凝胶。在常温下，蛋白质变性压力为 400 兆帕以上，变性温度大于 45℃。

根据上述情况，目前 400 兆帕 5 分钟驴奶的超高压鲜奶加工成品已经实现了在 5~10℃保存半个月的记录。

四、驴奶加工现状

现代工业化的迅猛发展，使工业污染成为人类社会深恶痛绝的公害，追求天然绿色、无污染、健康的生活方式已成为时尚；其次，由于疯牛病、抗生素以及饲料激素等原因的出现，出于安全考虑，许多人对牛产品感到害怕，甚至不愿喝牛奶了；另外，亦有一部分特殊体质的人群，因对牛奶过敏，不得已放弃饮用牛奶。许多注重营养的消费者将目光转向与人奶极为相近的驴奶，以期通过驴奶代替牛奶满足特殊体质人们的营养需求。由于驴奶可以治气喘、糖尿病、风湿、胃炎、肺结核等病。近年来，在欧洲市场受到人们的极大关注，每千克售价达 150 元人民币，在秘鲁竟出现排着队买驴奶的火爆场面。在新疆乌鲁木齐等一些城市，新鲜驴奶的售价为 120 元/千克以上，但由于驴的产奶量有限，往往是有价无货。目前，驴奶已逐渐成为世界上又一种最时髦的健康饮品。但是目前在我国尚无新鲜驴奶现代化生产企业，不仅未能满足国内广大消费者的需要，亦浪费了我国优质、丰富的驴奶资源。人们热切盼望着借助现代生产加工技术，实现驴奶的长期保鲜和远距离运输，以满足人们的需要。

2005 年，新疆达瓦昆生物科技有限责任公司在喀什地区岳普湖县成立，用小型喷雾干燥设备生产驴奶粉等产品并投放市场，开辟了国内驴奶产业开发的先河，填补了中国甚至世界驴奶制品的空白。2007 年新疆玉昆仑天然食品工程有限公司在岳普湖县建立一座现代化驴奶加工厂，采用巴氏杀菌—冷冻干燥工艺生产冻干驴奶粉等产品。此后驴奶开发逐渐遍布全疆。目前新疆现有 3 家经认证的驴奶加工企业。其中喀什岳普湖县 1 家（新疆玉昆仑天然食品工程有限公司），哈密巴里坤县 2 家（新疆巴里坤花麒奶业有限责任公司和巴里坤金驴生物科技有限责任公司），此外阿勒泰青河县和昌吉市等地也在建设驴奶加工企业。另外作为阿胶产业的龙头企业山东东阿股份有限公司的驴奶粉也已经投放市场。

主要参考文献

陈世军，黄炯，等．2014. 抗感染药物兽医临床应用 ［M］. 北京：中国农业出版社．

褚凤桐，王立刚，李志彬．2017. 母驴的饲养管理与繁育 ［J］. 中国畜牧兽医文摘（10）：73.

黄艳娥．2017. 驴和骡的生物学特性及饲养管理 ［J］. 当代畜禽养殖业（6）：21.

田景振．2015. 阿胶基础研究与应用 ［M］. 北京：中国中医药出版社．

杨浩峰．2006. 新疆驴奶开发利用的初步研究 ［D］. 乌鲁木齐：新疆医科大学．

Ducrocq V，Laloe D，Swaminathan M，et al. 2018. Genomics for Ruminants in Developing Countries：From Principles to Practice ［J］. Front Genet，9：251.

Renaud G，Petersen B，Seguin－Orlando A，et al. 2018. Improved de novo genomic assembly for the domestic donkey ［J］. Sci Adv，4（4）：eaaq0392.

Reuben J Rose，等．2008. 马兽医手册 ［M］. 第 2 版．汤小朋，齐长明，译．中国农业出版社．